乡村振兴人才培育系列教材

粮食作物机械化收获减损技术

李洪梅　李　英　李丹琳　主编

中国农业科学技术出版社

图书在版编目（CIP）数据

粮食作物机械化收获减损技术 / 李洪梅，李英，李丹琳主编. -- 北京：中国农业科学技术出版社，2024. 6.

ISBN 978-7-5116-6893-6

Ⅰ. S233.73

中国国家版本馆CIP数据核字第 2024Y7W673 号

责任编辑 王惟萍

责任校对 王 彦

责任印制 姜义伟 王思文

出 版 者 中国农业科学技术出版社

北京市中关村南大街 12 号 邮编：100081

电 话 （010）82106643（编辑室） （010）82106624（发行部）

（010）82106624（读者服务部）

网 址 https://castp.caas.cn

经 销 者 各地新华书店

印 刷 者 北京地大彩印有限公司

开 本 140 mm × 203 mm 1/32

印 张 5.5

字 数 143 千字

版 次 2024 年 6 月第 1 版 2024 年 6 月第 1 次印刷

定 价 26.00 元

《粮食作物机械化收获减损技术》

编委会

主　编　李洪梅　李　英　李丹琳

副主编　张永平　蔡　喜　王仙萍　李洪章
　　　　刘　辉　薛振彦

编　委　胡朝阳　丁福庆　于在新　朱红霞
　　　　樊阿招　赵中来　陈　鹏　任俊林
　　　　杨忠生　李启洪　郭朝强　罗　成
　　　　王文军　张　雄　李利欣　石振平

前　言

PREFACE

每一粒粮食都来之不易，都凝聚着农民辛勤的汗水和大自然的馈赠。近年来，随着科技的进步和农业机械化的推广，粮食作物机械化收获技术的应用，极大地提高了收获效率，降低了劳动强度。然而，机械化收获过程中的减损问题仍然是一个亟待解决的挑战。减少收获过程中的损耗，不仅是对农民劳动成果的尊重，也是对粮食资源的珍惜。机械化收获减损技术的核心目标是在实现高效机械化收获的同时，最大限度地减少粮食损耗，确保粮食的质量和产量。

本书结合农业农村部发布的粮食作物机械化收获减损技术指导意见，在对粮食机收减损的背景、意义、现状及机收作业质量等介绍的基础上，重点对小麦、水稻、玉米、大豆、马铃薯、甘薯等几种粮食作物的机械化收获技术进行了介绍。本书内容翔实、知识新颖、结构清晰、语言通俗，具有全面性和实用性。

本书既可作为新型职业农民的培训教材，也可作为广大农业机械使用与管理人员的参考用书。

由于时间仓促，水平有限，书中难免存在不足之处，欢迎广大读者批评指正！

编　者

2024年5月

目　录

CONTENTS

第一章 粮食机收减损技术概述

第一节　粮食机收减损的背景和意义

一、粮食机收减损的背景

（一）农业机械化发展迅速

当前，我国农业生产已从主要依靠人力畜力转向主要依靠机械动力，进入机械化为主导的新阶段。统计数据显示，我国农作物耕种收综合机械化率从2012年的57.2%提高到2021年的72%。我国三大主粮作物收获已基本实现机械化，小麦、水稻、玉米机收率分别超过97%、94%、80%，全国谷物联合收割机保有量223万台，总的看，除了一些特别小、特别陡的地块，主要粮食作物都是靠机械来收获的。

与人工劳作相比，机械化收获本身就是一种高效率、低损失的收获方式。人工收获需要单独进行收割、转运、脱粒、清选，综合损失率可能超过10%。与之相比，机械化收获可一次性完成收割、脱粒、清选多道工序，例如，状态较好的小麦联合收割机收获损失可做到优于1%，近年小麦机收作业价格平均在60元/亩（1亩≈666.67米^2）、是人工收获价格的1/3，这也是近些年我国机械化收获普及很快的关键因素。

然而，在机械化收获作业过程中，不可避免地会出现一些粮食损耗的情况。例如，一些地方小麦收获损失甚至超过3%。以小麦测算，如果采取措施让全国的小麦机收损失率平均下降1个百分点，就能挽回粮食损失25亿斤（1斤=500克），这个数据相当可观，因此，推进收获减损对于粮食安全意义重大。

（二）我国高度重视粮食减损

2021年9月，《农业农村部办公厅关于将机收减损作为粮食生产机械化主要工作常抓不懈的通知》中指出，我国水稻、小麦、玉米等主粮作物收获已基本实现机械化，减少机收环节损耗是增加粮食产量的重要措施。为深入贯彻落实习近平总书记关于毫不放松抓好粮食生产和"厉行节约、反对浪费"重要指示精神，必须将机收减损作为粮食生产机械化主要工作常抓不懈，采取综合措施提高粮食机收作业质量，努力确保粮食颗粒归仓。

2021年10月，中共中央办公厅、国务院办公厅联合印发《粮食节约行动方案》（简称方案），围绕粮食生产、储存、运输、加工、消费等环节存在的损失浪费问题，提出了针对性举措。对于生产环节中存在的播种粗放、收割机械精细化程度不够、农机农艺不配套、机手操作不规范等问题，方案提出，加快选育节种宜机品种，推广应用精量播种机械和关键技术；推进粮食精细收获，制定、修订水稻、玉米、小麦、大豆机收减损技术指导规范，提升应急抢种抢收装备和应急服务供给能力，提高机手规范操作能力，减少田间地头收获损耗。

二、粮食机收减损的意义

当前，我国粮食需求刚性增长，资源环境约束日益趋紧，粮食种植增面积、提产量的难度越来越大。在耕地资源有限、增加播种面积十分困难的条件下，机收减损是降低农业生产环节损耗浪费、增加粮食产量的重要措施，在当前我国农业生产中具有极其重要的意义。

（一）粮食机收减损对于保障国家粮食安全具有关键作用

随着人口增长和消费升级，我国粮食需求呈现刚性增长态势，而耕地资源和水资源等约束条件日益趋紧，粮食增产的难度逐渐加大。在这种背景下，粮食机收减损成为提高粮食产量和保障粮食供给的有效途径。据联合国粮食及农业组织统计，每年全球粮食从生产到零售全环节损失约占世界粮食产量的14%。这个损失降低1个百分点，就相当于增产2 700多万吨粮食，够7 000万人吃1年。通过减少机械化收获过程中的粮食损失，我们实际上是在增加“无形良田”，这有助于稳定粮食产量，确保国家粮食安全的底线不被突破。

（二）粮食机收减损有助于推动农业绿色发展

在机械化收获过程中，减少粮食损失不仅可以节约土地和水资源，还可以减少化肥和农药的使用量，从而降低农业生产对环境的污染。此外，通过提高机械化收获效率，还可以减少能源消耗和碳排放，为碳达峰和碳中和目标作出贡献。因此，粮食机收减损是实现农业绿色发展和可持续发展的重要手段。

（三）粮食机收减损也是传承中华民族勤俭节约美德的具体体现

自古以来，中华民族就有着勤俭节约的优良传统，这种美德在现代社会依然具有重要意义。通过粮食机收减损行动，可以让更多人认识到粮食的珍贵性，培养节约粮食的意识和习惯，从而推动全社会形成节约资源、保护环境的良好风尚。

第二节　粮食机收减损现状与对策

一、影响粮食机收损失的因素

影响粮食机收损失的因素主要包括客观因素和主观因素。

（一）客观因素

1. 田块条件

田块的大小、形状、平整度以及土壤湿度等都会影响机械作业的效果。例如，田块过小或形状不规则可能导致机械无法有效作业，而土壤湿度过高则可能导致机械陷入泥泞，增加粮食损失。

2. 收获时机

选择适当的收获时机对减少粮食损失至关重要。过早收获可能导致粮食成熟度不足，影响产量和质量；过晚收获则可能因作物过熟、易脱落而增加损失。

3. 气候灾害

极端天气条件，如大风、暴雨、干旱等，都可能对粮食生产和机械化收获造成不利影响。例如，大风可能导致作物倒伏，增加收获难度和损失；暴雨可能导致田地积水，影响机械作业效率。

4. 装备质量

机械装备的性能和质量直接影响收获效果。优质的机械装备具有更高的作业效率和更低的损失率，而性能较差的装备则可能导致粮食损失增加。

（二）主观因素

1. 思想重视程度

农民和机手对粮食机收减损的重视程度直接影响他们的操作行为。如果他们对粮食机收减损缺乏足够的重视，就可能在操作中忽视一些关键细节，导致损失增加。

2. 机手操作

机手的操作技能和经验对减少粮食损失至关重要。熟练的机手能够准确判断作业时机、调整机械参数，确保收获效果最佳；而新手或技能不足的机手则可能因操作不当而增加损失。

3. 机具状态

机械装备的状态良好与否也直接影响收获效果。如果机械装备保养不当、故障频发，不仅会降低作业效率，还可能因故障导致的停机时间增加粮食损失。

二、粮食机收减损现状

近年来，我国粮食机收减损工作取得了显著进展。随着农业现代化的推进，粮食机械化收获水平不断提高，粮食损失率得到有效控制。政府加大了对粮食机收减损技术的研发和推广力度，引进了一批先进的机械设备，推广了科学的收获技术，同时加强了操作人员的培训，提高了他们的技能水平。这些措施的实施，使得粮食机收过程中的损失得到了明显降低，为我国粮食生产的可持续发展奠定了坚实基础。尽管取得了一定成绩，但我国粮食机收减损仍面临一些问题。

（一）机具检查调整不到位

在粮食机收作业前，对机具的检查和调整是保证作业顺利进行的关键环节。然而，实际操作中，部分机手对机具性能了解不足或责任心不强，导致机具检查调整不到位。这可能影响机具的正常运行，还可能造成粮食在收割过程中的损失，降低作业效率。

（二）机手的粮食减损意识不强

粮食机收减损需要机手具备强烈的减损意识和责任心。然而，在实际操作中，一些机手往往只关注作业速度和效率，忽视了粮食减损的重要性。这种意识的缺失导致机手在操作中可能忽视一些减损措施，增加了粮食损失的风险。

（三）收割机的使用时间过长，没有及时更新

随着科技的进步，新型的粮食收割机不断涌现，其性能和效率都得到了显著提升。然而，在一些地区，由于经济原因或观念落后，收割机的使用时间过长，没有及时更新换代。这导致了旧有的收割机在性能和效率上无法满足现代农业生产的需求，增加了粮食损失的风险。

（四）农机农艺融合不够

粮食机收减损不仅涉及机具的性能和使用，还与农田管理、作物种植等农艺措施密切相关。然而，在实际操作中，农机和农艺之间的融合程度往往不够紧密。这导致了机收作业与农田环境、作物生长状态等存在不协调的情况，影响了机收效果和粮食减损目标的实现。

（五）农田建设不标准，作业条件差

农田建设是粮食机收作业的基础，其标准化程度直接影响到机收作业的效果和质量。然而，在一些地区，农田建设存在不标准的情况，如道路不平整、田块不规则等，这给机收作业带来了很大的困难。作业条件的恶劣不仅影响机具的正常运行，还可能增加粮食损失的风险。

（六）机手专业培训不够，操作不当

粮食机收作业需要机手具备一定的专业技能和操作经验。然而，在实际操作中，一些机手由于缺乏专业培训或操作经验不足，导致操作不当。这可能导致机具故障、作业效率低下以及粮食损失增加等问题，影响粮食机收的整体效果。

三、粮食机收减损的对策

（一）加强机械研发与改进

为应对粮食机收过程中的损失问题，需进一步加大科研投入，鼓励科研机构和企业针对粮食机收减损技术进行深度研发。通过技术创新，提升机械设备的性能和稳定性，确保在作业过程中能够稳定、高效地运行。同时，推广适应不同地区、不同作物生长特点的专用收获机械，以更好地匹配作物特性，减少因机械不匹配而造成的粮食损失。

（二）规范操作技术

机手的操作技能对粮食机收减损至关重要。因此，我们需要加强对机手的培训和教育，提升他们的操作技能和安全意识。通过制定并推广科学的收获技术标准，规范操作流程，确保机手能够按照标准操作，避免因操作不当而导致的粮食损失。此外，还可以建立机手技能认证制度，对达到一定技能水平的机手进行认证，提高整个行业的操作水平。

（三）充分考虑作物生长状况

不同地区、不同作物品种的生长状况差异较大，对机械化收获的要求也不同。因此，在推广粮食机收减损技术时，我们需要充分考虑作物生长状况，针对不同作物品种和种植模式制定相应的收获技术方案。通过优化收获参数、调整机械结构等

方式，提高收获的适应性和效率，减少粮食损失。

（四）强化政策支持与资金投入

政府应继续加大对粮食机收减损工作的支持力度，制定更加优惠的政策措施。例如，可以通过财政补贴、税收减免等方式鼓励农民使用高效收获机械和技术。同时，增加资金投入，支持粮食机收减损技术的研发、推广和示范工作。通过建立专项资金、设立科研项目等方式，为相关技术研发和推广提供资金保障。

（五）完善服务体系建设

建立健全的粮食机收服务体系是减少粮食损失的重要保障。我们可以加强农机合作社、农机大户等社会化服务组织的建设，提供机收减损技术咨询、机械维修、作业调度等服务。同时，建立机收减损信息服务平台，及时发布作业信息、技术指导等，方便农民获取相关信息。此外，还可以开展跨区作业服务，实现机械资源的优化配置，提高机收效率和质量。

（六）加强宣传与引导

通过加强宣传与引导，提高农民对粮食机收减损技术的认知度和接受度。可以利用电视、广播、网络等媒体渠道，广泛宣传粮食机收减损的重要性和技术优势，引导农民积极采用先进的收获机械和技术。同时，组织现场观摩、技术交流等活动，让农民亲身感受机收减损技术的实际效果，增强他们的信心和积极性。

第三节　机收作业质量和测定方法

小麦、水稻和玉米是我国主要的粮食作物，下面主要介绍这3类粮食作物的机收作业质量标准和测定方法。

一、小麦机收作业质量标准和测定方法

（一）作业质量标准

机收作业质量应符合NY/T 995—2006《谷物（小麦）联合收获机械作业质量》标准要求（表1-1）。

表1-1　全喂入联合收割机作业质量标准

项目	指标
损失率	≤2.0%
破碎率	≤2.0%
含杂率	≤2.5%
割茬高度	普通：≤18厘米；留高茬：≤25厘米
污染情况	收获作业后无油料泄漏造成的粮食和土地污染

（二）简易测定法

推荐“半米幅宽法”和“巴掌法”。选择自然落粒少的田块，在收割机稳定作业区域，往返2个行程内随机选取2个取样区，收集掉落地上的籽粒个数，根据当地的小麦千粒重（或落地籽粒称重）和平均亩产量估算平均损失率。

1. 半米幅宽法

取样区为沿着收割机前进方向长度为0.5米，宽为联合收割机工作幅宽，按照式（1-1）计算取样区的损失率。

$$S_i = \frac{W_i}{M \times L \times 0.5} \times \frac{666.67}{1\,000} \times 100\% \qquad (1\text{-}1)$$

式中，S_i为第i个取样区损失率，单位为%；W_i为第i个取样区落地籽粒质量，单位为克；M为收割机工作幅宽，单位为米；L为小麦亩产量，单位为千克/亩。

如果没有称重条件，可以用往年小麦千粒重估算落地籽粒质量。以小麦千粒重45克，亩产量450千克，工作幅宽为2米的收割机为例，按照标准损失率≤2.0%，“半米幅宽法”1个取样区域内落地籽粒应不超过300粒。不同小麦品种按千粒重和亩产量确定以及收割机工作幅宽落地籽粒判定标准粒数。

2. 巴掌法

用成人的手掌划定取样区域，面积按0.02米^{2}计，按照式（1-2）计算取样区的损失率。

$$S_i=\frac{N_i\times G}{M\times 0.02\times 1\,000}\times\frac{666.67}{1\,000}\times 100\% \qquad (1-2)$$

式中，N_i为第i个取样区籽粒数量，单位为个；G为该地块往年小麦千粒重，单位为克；S_i为第i个取样区损失率，单位为%；M为收割机工作幅宽，单位为米。

以小麦千粒重45克，亩产量450千克为例，按照标准损失率≤2.0%，“巴掌法”不超过6粒。不同小麦品种按千粒重和亩产量确定落地籽粒判定标准粒数。

二、水稻机收作业质量标准和测定方法

（一）作业质量标准

机收作业质量应符合NY/T 498—2013《水稻联合收割机作业质量》标准要求（表1-2）。

表1-2　水稻联合收割机作业质量标准

项目	指标	
	全喂入式	半喂入式
损失率	≤3.5%	≤2.5%
破碎率	≤2.5%	≤1.0%
含杂率	≤2.5%	≤2.0%
茎秆切碎合格率	≥90%	
污染情况	收获作业后无油料泄漏造成的粮食和土地污染	

（二）简易测定法

推荐“半米幅宽法”和“巴掌法”。选择自然落粒少的田块，在收割机稳定作业区域，往返2个行程内随机选取2个取样区，收集区域内掉落地上的籽粒个数，根据当地的稻谷千粒重（或落地籽粒称重）和平均亩产量估算平均损失率。

1. 半米幅宽法

取样区为沿着收割机前进方向长度为0.5米，宽为联合收割机工作幅宽，按照式（1-3）计算取样区的损失率。

$$S_i=\frac{W_i}{M\times L\times 0.5}\times\frac{666.67}{1\ 000}\times 100\% \qquad (1-3)$$

式中，S_i为第i个取样区损失率，单位为%；W_i为第i个取样区落地籽粒质量，单位为克；M为收割机工作幅宽，单位为米；L为水稻亩产量，单位为千克/亩。

如果没有称重条件，可以用往年稻谷千粒重估算落地籽粒质量。以稻谷千粒重25克、亩产量500千克，工作幅宽为2米的收割机为例，按照全喂入收割机标准损失率≤3.5%，“半米幅宽法”1个取样区域内落地籽粒应不超过1 050粒。不同水稻品种按千粒重、亩产量以及收割机工作幅宽确定落地籽粒判定标准粒数。

2. 巴掌法

用成人的手掌划定取样区域，面积按0.02米²计，按照式（1-4）计算取样区的损失率。

$$S_i=\frac{N_i\times G}{M\times 0.02\times 1000}\times\frac{666.67}{1\,000}\times 100\% \quad (1-4)$$

式中，N_i为第i个取样区籽粒数量，单位为个；G为该地块往年稻谷千粒重，单位为克；S_i为第i个取样区损失率，单位为%；M为收割机工作幅宽，单位为米。

以稻谷千粒重25克、亩产量500千克为例，按照全喂入收割机标准损失率≤3.5%，"巴掌法"1个取样区域内落地籽粒应不超过21粒。不同水稻品种按千粒重和亩产量确定落地籽粒判定标准粒数。

三、玉米机收作业质量标准和测定方法

（一）作业质量标准

玉米机收作业时应严格按表1-3中作业质量标准执行。

表1-3　玉米收获机作业质量标准

项目	指标	
	果穗收获	籽粒直收
总损失率	≤3.5%	≤4.0%
籽粒破碎率	≤0.8%	≤5.0%
苞叶剥净率	≥85%	/
含杂率	≤1.0%	≤2.5%
污染情况	收获作业后无油料泄漏造成的粮食和土地污染	

（二）简易测定法

1. 主要仪器

5米钢卷尺、50米钢卷尺、电子天平、谷物水分测定仪、绳子、标杆、取样袋、簸箕。

2. 3步测定机收损失率

第一步：测定亩产量。

（1）在测区内，采用“五点法”确定5个测点。

（2）每个测点连续取10株玉米果穗（1株多穗的全部收取），将玉米籽粒脱粒，称取每个测点所有籽粒的质量，计算单株玉米籽粒的平均质量M_1（单位：克）。

（3）测定每个测点玉米籽粒含水率，计算平均含水率N_1。

（4）在每个测点测定10米长度内玉米株数，计算平均株距L_1（单位：米）。

（5）测定5行以上玉米总行距，计算平均行距W_1（单位：米）。

（6）计算玉米亩株数$S_{亩株}=666.67 \div (L_1 \times W_1)$，四舍五入取整数（单位：株）。

（7）计算当前含水率下玉米理论亩产量$M_{亩产}=S_{亩株} \times M_1 \div 1\,000$（单位：千克）。

第二步：测定机收损失量。

（1）选取至少2个取样区（往返各选至少1个）。

（2）玉米籽粒收获机取样区长L_2（单位：米）原则上不小于1米，宽为收获机工作幅宽W_2（单位：米）；玉米果穗收获机取样区长L_2（单位：米）原则上不小于2米，宽为收获机工作幅宽W_2（单位：米）。取样区长L_2（单位：米）可根据损失情况和工作人员数量具体确定。

（3）利用绳子、标杆标定取样区，收集取样区夹带籽粒

（夹杂在秸秆和杂余内的籽粒）、果穗（不含超出取样区部分）上未脱净的籽粒和掉落在地面上的籽粒，脱粒去杂后称其质量（忽略自然落粒），该质量即为取样区内籽粒损失质量M_2（单位：克）。

第三步：计算损失率。

（1）计算每个取样区的损失率。

$$S_2=M_2\div(L_2\times W_2)\times 666.67\div 1\,000\div M_{亩产}\times 100\% \quad (1-5)$$

（2）根据每个取样区的损失率S_2计算机收平均损失率S_3。

3. 注意事项

（1）亩产量和机收损失量需在同一日期测得，否则，需分别测量2个日期下玉米籽粒含水率，并进行质量折算。

$$M_{后}=M_{前}\times(1-N_{前})\div(1-N_{后}) \quad (1-6)$$

式中，$M_{前}$为折算前玉米籽粒质量；$N_{前}$为折算前玉米籽粒含水率；$M_{后}$为折算后玉米籽粒质量；$N_{后}$为折算后玉米籽粒含水率。

（2）若机收作业前玉米自然落粒过多导致存在可能影响机收损失率的情况，需对测区内玉米自然落粒进行捡拾清理；或采用“五点法”测定自然落粒质量，在测定机收损失量时去除同面积下自然落粒质量。

【拓展阅读】

常德鼎城提升收割质量，确保颗粒归仓

眼下，位于洞庭湖平原的常德市鼎城区的63.52万亩晚稻陆续成熟，当地抢抓晴好天气，通过机收减损，提升收割质量，确保颗粒归仓。

在鼎城区镇德桥镇的万亩优质稻示范片，成熟稻田里稻谷颗粒饱满，由于适宜的气候和科学的管护，这里的晚稻亩产达到了1 400余斤。3台收割机正开足马力在稻田里不停穿梭作业，所过之处留下一排排整齐低矮的稻茬。2023年，当地在农业部门的指导下，农机手将收割机的割刀高度，从以往的离田30厘米，调低到了不超过15厘米，一旁农技人员对机收后的稻茬进行精准测量，指导机手调整收割速度、高度等指标。

常德市鼎城区镇德桥镇种粮大户雷明正说："过去都是采取高桩收割，要浪费一些粮食，看到了很心疼。2023年我们采取了低桩收割，1亩田要止损20多斤谷，像我1 800多亩田，就可以多收3万多斤谷，增加收入10多万元。"

以往传统撩穗收割茬高度一般在30厘米左右，导致有些较低的稻穗收割不到，造成浪费，机损率在5%左右。此外，收割机的收割线路、速度也会影响损耗率。2023年，鼎城区大力推广机收减损技术，对全区农机手开展机收减损知识培训和技能大比武，示范推广高效减损机具，将损耗率控制在3%以内。2023年，全区种植晚稻面积63.52万亩，通过机收减损，可以减少1 300万斤的粮食损耗，相当于增加1万多亩的耕地面积。

常德市鼎城区镇德桥镇党委委员、人大主席郭立明表示，全镇大力推行机收减损，对所有农机手进行培训，发放机收减损的规范操作规程，抓住晴好天气，调配农机抢收晚稻，烘干设备24小时运转，确保颗粒归仓。

鼎城区共有农业机械12.62万台（套），农机总动力96.47万千瓦，水稻耕种收综合机械化水平达89.32%。秋收时节，全区共投入联合收割机2 300多台，日收割晚稻近9万亩，75个烘干工厂全天候运转，日烘干能力1.8万吨，确保应收尽收、应烘尽烘，颗粒归仓。

第二章 小麦机械化收获减损技术

第一节 小麦的收获期

一、小麦成熟期的划分

小麦的成熟期，一般可分为乳熟、蜡熟和完熟（又称黄熟）3个时期。

（一）乳熟期

这个阶段是从小麦开花授粉开始到灌浆基本结束，籽粒中储存的物质大多数是在这个时期内积累的。到乳熟末期的籽粒特征是籽粒背面绿色渐退，转呈黄绿色，腹沟绿色，籽粒内部乳状液已浓缩，但仍可挤出；胚已具有发芽能力，并且发芽后也能正常生育；芒的中部变黄，开始外张，植株仍为绿色。乳熟末期籽粒的千粒重已达最大千粒重的80%以上。

（二）蜡熟期

这个阶段又可分为蜡熟初期、中期和末期。蜡熟初期的表现是籽粒背面黄白色，腹沟黄绿色，用手指甲掐籽粒容易掐破，籽粒内含物质如凝蜡状，并可搓成条。颖上部及穗颈转黄，大部分叶片开始变黄，只有顶部1～2片叶仍为绿色。蜡熟中期的表现是籽粒全呈黄色，柔软有弹性，用手指甲容易把籽粒掐断，千粒重接近或达到最大值，茎秆顶部全部变黄，颖壳基部仍为绿色。有芒的开始炸芒，麦秆仍有弹性。蜡熟末期的表现是植株全部呈黄色，茎秆仍保持一定的弹性，籽粒形状、颜色都与原品种的特征相同，用手指甲掐籽粒已不易掐出痕迹，千粒重达到最大值。整个蜡熟期内，植株的含氮物质和可溶性碳水化合物仍继续由茎叶向籽粒输送。一直到蜡熟末期才停止，在此期间籽粒的含水量已降到20%～30%。

（三）完熟期（又称黄熟期）

这个阶段的主要特征是植株已无干物质积累，麦秆逐渐失去弹性，穗部开始倾斜。籽粒含水量则进一步降低，而千粒重则比最高值略有下降。

二、确定适宜的收获期

小麦机收宜在蜡熟末期至完熟初期进行，此时产量最高，品质最好。小麦成熟期主要特征：蜡熟中期下部叶片干黄，茎秆有弹性，籽粒转黄色，饱满而湿润，籽粒含水率25%～30%。蜡熟末期植株变黄，仅叶鞘茎部略带绿色，茎秆仍有弹性，籽粒黄色稍硬，内含物呈蜡状，含水率20%～25%。完熟初期叶片枯黄，籽粒变硬，呈品种本色，含水率在20%以下。

确定收获时间，还要根据当时的天气情况、品种特性和栽培条件，合理安排收割顺序，做到因地制宜、适时抢收，确保颗粒归仓。大面积收获可选择在蜡熟中期开始作业，小面积收获可选择在蜡熟末期作业，以使大部分小麦在适收期内收获。留种用的麦田宜在完熟期收获。如遇雨季迫近，或急需抢种下茬作物，或品种易落粒、折秆、折穗、穗上发芽等情况，应适当提前收获。

第二节　小麦的收获机械

小麦联合收割机是在收割机、脱粒机基础上发展起来的一种联合作业机械，可以一次性完成收割、脱粒、分离、清选、输送、收集等作业，直接获得清选干净的粮食。

一、基本构造

目前，我国小麦联合收割机主要有全喂入轮式自走式联合收割机、全喂入履带自走式联合收割机、与轮式拖拉机配套使用的全喂入悬挂式（背负式）联合收割机（含单动刀、双动刀）、半喂入履带自走式联合收割机、与手扶拖拉机配套使用的微型全喂入联合收割机等几种。其中全喂入轮式自走式联合收割机和与轮式拖拉机配套使用的全喂入悬挂式联合收割机在我国小麦收获中应用最为广泛，为主要机型。

（一）悬挂式联合收割机

悬挂式联合收割机主要由割台、输送槽、脱粒清选装置及悬挂装置四大部分组成。割台在拖拉机的前方，输送槽在拖拉机的一侧，脱粒清选装置在拖拉机的后方。割台进行切割作业，输送槽把作物由割台送往脱粒清选装置，脱粒清选装置完成脱粒、分离、清选、装袋等工作。前、后悬挂架把割台和脱粒清选装置固定在拖拉机上。

（二）自走式联合收割机

自走式联合收割机主要由以下几部分组成。

（1）发动机。行走和各部件工作所需的动力都由它供给。

（2）驾驶室（台）。有转向盘总成、离合器操纵杆、卸粮离合器操纵杆、行走离合器踏板、制动器踏板、拨禾轮升降手柄、无级变速油缸操纵手柄、加速踏板、变速杆、熄火油门手柄、喇叭按钮、综合开关总成及各种仪表等，供驾驶员操纵小麦联合收割机用。

（3）收割台。包括拨禾轮、切割器、割台搅龙、倾斜输送器等。

（4）脱粒部分。包括滚筒、凹板、复脱器等。

（5）清选部分。包括逐稿器、筛箱、风扇等。

（6）储粮、卸粮装置。包括粮食推运器、升运器、粮箱等。

（7）底盘。包括无级变速机构、行走离合器、变速箱、后桥等。

（8）液压系统。包括液压油泵、油缸、分配阀油箱、滤清器和油管等。

（9）电气系统。这个系统负担着发动机的启动、夜间照明、信号等，包括蓄电池、起动机、发电机、调节器、开关、仪表、传感装置、指示灯、照明灯、音响信号等。

二、田间作业

（一）小麦联合收割机的磨合与调试

小麦联合收割机作业前，应进行空转磨合、行走试运转和负荷试运转。

1. 空转磨合

（1）机组运转前的准备工作。①摇动变速杆使其处于空挡位置，打开籽粒升运器壳盖和复脱器月牙盖，滚筒脱粒间隙放到最大。②将联合收割机内部仔细检查清理。③检查零部件有无丢失损坏，机器有无损伤，装配位置是否正确，间隙是否合适。④检查各传动三角带和链条（包括倾斜输送器和升运器输送链条）是否按规定张紧，调整是否合适。⑤用手拉动脱粒滚筒传动带，观察各部件转动是否灵活。⑥按润滑表规定对各部位加注润滑脂和润滑油。⑦检查各处尤其是重要连接部位紧固件是否紧固。

（2）空转磨合。检查机器各部位正常后，鸣喇叭使所有人员远离机组，启动发动机，待发动机转动正常后，调整油门使发动机转速为600～800转/分，接合工作离合器，使整个机构运转，逐渐加大油门至正常转速，自走式联合收割机运转20小时（悬挂式联合收割机运转30分钟以上）。此间应每隔30分钟停机一次进行检查，发现故障应查明原因并及时排除。

（3）检查。磨合过程中，应仔细观察是否有异响、异振、异味，以及“三漏”（漏油、漏气、漏水）现象。运转过程中应进行以下操作和检查：①缓慢升降割台和拨禾轮以及无级变速油缸，仔细检查液压系统工作是否准确可靠，有无异常声音，有无漏油、过热及零部件干涉现象。②扳动电器开关，观察前后照明灯、指示灯、喇叭等是否正常。③反复接合和分离工作离合器、卸粮离合器，检查接合和分离是否正常。④检查各运转部位是否发热，紧固部件是否松动，各传送三角带和链条张紧度是否可靠，仪表指示是否正常。⑤联合收割机各部件运转正常后应将各盖关闭，栅格凹板间隙调整到工作间隙之后，方可与行走运转同时进行。

2. 行走试运转

联合收割机无负荷行走试运转，应由Ⅰ挡起步，逐步变换到Ⅱ挡、Ⅲ挡，由慢到快运行，还要穿插进行倒挡运转。要经常停车检查并调整各传动部位，保证正常运转。自走式联合收割机此间运行时间为25小时。

3. 负荷试运转

联合收割机经空转磨合和无负荷行走试运转一切正常后，就可进行负荷试运转，也就是进行试割。负荷试运转应选择地势较平坦、无杂草、小麦无倒伏且成熟程度较一致的地块进行。有时也可先向割台均匀输入小麦以检查喂入和脱粒情况，然后进行试割。当机油压力达到0.3兆帕、水温升至60℃时，开始以小喂入量低速行驶，逐渐加大负荷至额定喂入量。应注意无论负荷大小，发动机均应以额定转速全速工作，试割时应注意检查调整割台、拨禾轮高度、滚筒间隙大小、筛孔开度等部位，根据需要调整到要求的技术状态。负荷试运转应不低于15小时。注意收割作业时，拖拉机使用Ⅰ挡、Ⅱ挡。

经发动机和收割机的上述试运转后，按联合收割机使用说明书的要求，进行一次全面的技术保养。自走式联合收割机需清洗机油滤清器，更换发动机机油底壳的机油。

按试运转过程中发现的问题对发动机和收割机进行全面的调整，只有在确保机器技术状态良好的情况下，才可正式投入大面积的正常作业。

（二）小麦收割前的准备

1. 麦收出发前的准备

机组磨合试运转及相关保养应符合技术要求。

麦收之前要根据情况确定是在当地作业还是跨区作业，提前制订好作业计划，并进行实地考察，提前联系。确定好机组作业人员，一般小麦联合收割机需要驾驶员1～2名，辅助工作人员1～3名，联系配备1～2辆卸粮车。出发之前要准备好有关证件（身份证、驾驶证、行车证、跨区作业证等）、随机工具及易损件等配件，做到有备无患。

2. 作业地块检查和准备

为了提高小麦联合收割机的作业效率，应在收获前把地块准备好，主要包括下列内容。

（1）查看地头和田间的通过性。若地头或田间有沟坎，应填平和平整，若地头沟太深应提前勘察好其他行走路线。

（2）捡走田间对收获有影响的石头、铁丝、木棍等杂物。查看田间是否有陷车的地方，做到心中有数，必要时做好标记，特别是夜间作业一定要标记清楚。

（3）若地头有沟或高的田埂，应人工收割地头。若地块横向通过性好可使用收割机横向收割，不必人工收割。人工收割电线杆及水利设施等周围的小麦。

（4）查看小麦的产量、品种和自然高度，以作为收割机进行收获前调试的依据。

3. 卸粮的准备

（1）用麻袋卸粮的小麦联合收割机，应根据小麦总产量准备足够的装小麦用的麻袋，和扎麻袋口用的绳子。

（2）粮仓卸粮的小麦联合收割机，应准备好卸粮车。卸粮车车斗不宜过高，应比卸粮筒出粮口低1米左右。卸粮车的数量一般应根据卸粮地点的远近确定，保证不因卸粮造成停车而耽误作业。

（三）小麦联合收割机的操作

1. 联合收割机入地头时的操作

（1）行进中开始收获。若地头较宽敞、平坦，机组开进地头时可不停车就开始收割，一般应在离麦子10米左右时，平稳地接合工作离合器，使联合收割机工作部件开始运转，并逐渐达到最高转速，应以大油门低前进速度开始收割，不断提高前进速度，进入正常工作。

（2）由停车状态开始收割。若地头窄小、凹凸不平，无法在行进中进入地头开始收割，需反复前进和倒车以对准收割位置，然后接合工作离合器，逐渐加油门至最大，平稳接合行走离合器，开始前进，逐渐达到正常作业行进速度。

（3）收割机的调整。收割机进入地头前应根据收割地块的小麦产量、干湿程度和高度对脱粒间隙、拨禾轮的前后位置和高度等部位进行相应的调整。悬挂式联合收割机应在进地前进行调整，自走式联合收割机可在行进中通过操纵手柄随时调整。

（4）要特别注意收割机应以低速度开始收获，但开始收割前发动机一定要达到正常作业转速。使脱粒机全速运转。自走式联合收割机，进入地头前，应选好作业挡位，且使无级变速降到最低转速。需要增加前进速度时，尽量通过无级变速实现，以避免更换挡位，收获到地头时，应缓慢升起割台，降低前进速度以拐弯，但不应减小油门，以免造成脱粒机滚筒堵塞。

2. 联合收割机正常作业时的操作

（1）选择大油门作业。小麦联合收割机收获作业应以发挥最大的作业效率为原则，在收获时应始终以大油门作业，不允许以减小油门的方式来降低前进速度，因为这样会降低滚筒转速，造成作业质量降低，甚至堵塞滚筒。如遇到沟坎等障碍物或倒伏作物需降低前进速度时，可通过无级变速手柄使前进速度降到适宜速度，若达不到要求，可踩离合器摘挡停车，待滚筒中小麦脱粒完毕时再减小油门挂低挡位减速前进。悬挂式小麦联合收割机也应采取此法降低前进速度。减油门换挡要快，一定要保证再次收割时发动机加速到规定转速。

（2）前进速度的选择。小麦联合收割机前进速度的选择主要应考虑小麦产量、自然高度、干湿程度、地面情况、发动机的负荷、驾驶员技术水平等因素。无论是悬挂式联合收割机还是自走式联合收割机，喂入量是决定前进速度的关键因素。前进速度的选择不能单纯以小麦产量为依据，还应考虑小麦切割高度、地面平坦程度等因素。一般小麦亩产量在300～400千克时可以选择Ⅱ挡作业，前进速度为3.5～8千米/时；小麦亩产量在500千克左右时应选择Ⅰ挡作业，前进速度为2～4千米/时；一般不选择Ⅲ挡作业，当小麦产量在250千克以下时，地面平坦且驾驶员技术熟练，小麦成熟好时可以选择Ⅲ挡作业，但速度也不宜过高。

（3）不满幅作业。当小麦产量很高或湿度很大，以最低速前进发动机仍超负荷时，就应减少割幅收获。就目前各地小麦产量来看，一般减少到80%的割幅即可满足要求，应根据实际情况确定。当收获正常产量小麦，最后1行不满幅时，可提高前进速度作业。

（4）潮湿作物的收获。当雨后小麦潮湿，或小麦未完全成熟但需要抢收时，由于小麦潮湿，收割、喂入和脱粒都增加阻力，应降低前进速度。若仍超负荷，则应减少割幅。若时间允许应安排中午以后，作物稍干燥时收获。

（5）干燥作物的收获。当小麦已经成熟，过了适宜收获期，收获时易造成掉粒损失，应将拨禾轮适当调低，以防拨禾轮板打麦穗而造成掉粒损失，即使收割机不超负荷，前进速度也不应过高。若时间允许，应尽量安排在早晨或傍晚，甚至夜间收获。

（6）割茬高度和拨禾轮位置的选择。当小麦自然高度不高时，可根据当地的习惯确定合理的割茬高度，可把割茬高度调整到最低，但一般不宜低于15厘米。当小麦自然高度很高，小麦产量高或潮湿，小麦联合收割机负荷较大时，应提高割茬高度，以减少喂入量，降低负荷。

（7）过沟坎时的操作。当麦田中有沟坎时，应适当调整割台高度，防止割刀吃土或割麦穗。当机组前轮压到沟底时会使割台降低，应在压到沟底的同时升高割台，直至机组前轮越过沟时，再调整割台至适宜高度。机组前轮压到高的田埂时，应立即降低割台，机组前轮越过田埂时，应迅速升高割台，并且操作要快，动作要平稳。

3. 倒伏谷物的收获

横向倒伏的作物收获时，只需将拨禾轮适当降低即可，但一般应在倒伏方向的另一侧收割，以保证作物分离彻底，喂入顺利，减少割台碰撞麦穗而造成的麦粒损失。

纵向倒伏的作物一般要求逆向（小麦倒向割台）收获，但逆向收获需空车返回，严重降低了作业效率。当作物倒伏不是很严重时，应双向收获。逆向收获时应将拨禾轮板齿调整到向前倾斜15°～30°的位置，且将拨禾轮降低和向后；顺向收获时应将拨禾轮的板齿调整到向后倾斜15°～30°的位置，且将拨禾轮降低和向前。

三、维护与保养

（一）日常保养

1. 清洁保养

主要是对联合收割机进行彻底清扫保洁。在每天收割作业开展前或在收割作业结束后，应把收割机的所有检视孔盖全部打开，防护罩全部拆除，彻底清扫室内、驾驶台、发动机外表、风扇蜗壳内外、割台、变速箱外部等重要部件及装置上的污物。清扫完成后，可通过让收割机大功率运转5分钟的方式，更好地排尽草屑尘污。最后，用清水擦洗或冲洗机器外部，再采用相同的方法高速运转收割机，以迅速排湿除水。

2. 润滑系统保养

小麦联合收割机的说明书会对需要润滑的构件、润滑油的使用时间、使用润滑油的型号等重要内容以图表的形式予以详细说明。所以，在润滑系统保养前，应首先认真阅读说明书。一般而言，轴套、轴承、外露传动齿轮、链条、刀具等摩擦频繁、外露和需要防锈的部位均为润滑系统保养的重点部位。在润滑保养前，应对净油嘴、加油口、润滑部位的表面进行洁净处理，擦除表面的油污尘土。发动机底壳的润滑油添加量以油标尺上下刻度间的标高为限。对链条、齿轮应每天通过抹刷润滑油的方式进行润滑保养。对含油轴承、传动链应在每年麦收作业全部结束后，从机体上拆卸下来，并在润滑油中浸泡至少2小时后，做入库保存。对新购买或刚刚进行大修处理的小麦联合收割机，在试运行之后，尤其要注意把变速箱中的油全部放尽，并做清洗保洁处理，保证在无油污尘灰的情况下加入新油。

润滑油的使用，要做到3个禁止，即禁止新旧润滑油混搭使用，混用的后果是由于旧润滑油含有氧化性较强的物质，会使润滑油的润滑效果严重变差，最终造成收割机机体被严重破坏，减少使用寿命；禁止润滑油过量添加，过量添加的润滑油会在未完全燃烧的状态下，产生大量的积碳，造成活塞严重堵塞；禁止油底壳油面过低，进而产生烧瓦事故，因此，润滑油应注重日常检查，及时添加。

3. 散热器保养

由于小麦联合收割机在麦收过程中，面临尘土多、污物多的恶劣工作环境，散热器很容易被杂物堵塞，最终造成滤网堵塞，发动机开锅。因此，在麦收作业前，清除散热器上的污物变得尤为重要。联合收割机的散热器一般多装有水箱罩，水箱罩堵塞时，要及时进行处理。处理顺序应从旋转水罩左侧下方手柄开始，按机器上标识的箭头方向用力，进气孔道会随着手柄的旋转被上下挡风板彻底封闭，灰尘草屑等杂物随之脱落。此外，还要保证散热器网格无杂物，对顽固性、难以清除的杂物可采用高压水冲洗。空气滤清器要保证按日清理。尤其是自动除尘器的旋转滤网，至少在每天麦收作业结束后清理一次。

4. 链条及钢索保养

链条和钢索作为重要运作部件，应加强检查和调整。

（1）链条。应按照说明书的参考值，检查张紧挂钩的下附距离。如距离过大，则应调紧弹簧，防止链条松动。当采取张紧弹簧的方法，仍不能使链条距离满足要求时，可以卸下2节链条，保证张紧挂钩的下附距离符合要求。对左右穗端的链条，应重点检查张紧度，如滚轮轴与罩的长孔部位无空隙，则说明链条已松，可通过卸下2节链条予以调整。

（2）钢索。应首先检查有无表面毁损、变形情况，并根据检查结果确定选择是否需要做更换处理。为保证离合器手柄能够自由运转，应着情调节螺栓和适当调整离合器钢索。同时为保证踏板自由行程符合说明书标准距离，应对停车制动钢索进行微调。

（二）入库保养

小麦联合收割机只在季节性麦收时工作，所以除了工作时间以外的入库存放时间所占比例较大。入库后收割机的保养质量直接关系到机器的使用效能和使用效益。因此，在入库保养中应着重注意以下8个要点。

（1）清洁保养。在入库前，可采取机器大功率空转运行的方式，清除机器表面的泥土、草屑、尘埃等附着物，尤其要清除可能残留小麦籽粒的装置构件以及构件间的接口，避免污物损毁机器。

（2）蓄电池保养。在把蓄电池卸下后，应对电解液含量和电解液比重进行检查及适量补充调整，并每间隔1个月予以充电，保证电池电量处在持续充足状态。蓄电池应单独放置在通风干燥处，防潮防湿。

（3）润滑防锈保养。按照小麦联合收割机说明书对重要构件进行润滑防锈处理。

（4）传送带、链条保养。首先应放松拆卸全部传送带、链条，视磨损情况进行换新的或修复处理。对能够继续作业的传送带，在做保洁处理后，涂上滑石粉，悬挂高处予以防潮、防湿保存。对能够继续使用的链条，应采用机油浸泡的方式进行清洗，浸泡时间不少于15分钟，然后擦干或风干后装箱干燥保存。

（5）零部件排查。对容易磨损的零部件，包括刀片、滚筒、伸缩齿杆导管等易变形、易损坏的零部件应进行全面排查，视磨损情况进行更换或修理。

（6）部分零部件要卸下分开保管。①取下条筛片仔细清理后保管起来。②取下所有皮带放在干燥、凉爽的室内保管。③卸下链条，清洗后放在60～70℃的牛脂或石蜡中浸泡约15分钟，待链条套筒、销子、滚子得到充分润滑，然后妥善保管。④卸下蓄电池，保存在干燥的室内，每月必须进行充电，并检查电解液的液位和电解液比重。⑤经清理后，保管好无级变速器的变速盘、变速轴、护刀架梁和割刀。⑥顶起收割机，把轮胎气压降到规定值。

（7）割台的存放。割台应在放下后，用垫木做架空处理，搁置在库房的相对较低处。

（8）封存。在选择通风、干燥、有防火装置的库房的同时，还应对收割机加盖篷布，进行密封处理。

第三节　小麦机收减损的关键技术

一、作业前机具检查调试

开始作业前要保持机具良好的工作状态，预防和减少作业故障，提高作业质量和效率。

（一）机具检查

作业季节开始前要依据产品使用说明书对联合收割机进行一次全面检查与保养，确保机具在整个收获期能正常工作。经重新安装、保养或维修后的小麦联合收割机要认真做好试运转，先局部后整体，认真检查行走、转向、制动、灯光、收割、输送、脱粒、清选、卸粮等机构的运转、传动、操作、间隙等情况，检查有无异常响声和三漏情况，发现问题及时解决。要检查各操纵装置功能是否正常；离合器、制动踏板自由行程是否适当；发动机机油、冷却液是否适量；仪表盘各指示是否正常；轮胎气压是否正常；传动链、张紧轮是否松动或损伤，运动是否灵活可靠；检查和调整各传动皮带的张紧度，防止作业时皮带打滑；重要部位螺栓、螺母有无松动；割台、机架等部件有无变形等。备足备齐田间作业常用工具、零配件、易损零配件及油料等，以便出现故障时能够及时排除。

（二）试割

正式开始作业前要选择有代表性的地块进行试割。试割作业行进长度以30米左右为宜，根据作物、田块的条件确定适合的收割速度，对照作业质量标准仔细检查损失率、破碎率、含杂率等情况，有无漏割、堵草、跑粮等异常情况，并以此为依据对割刀间隙、脱粒间隙、筛子开度和（或）风扇风量等情况进行必要调整。调整后再进行试割并检测，直至达到质量标准和农户要求。作物品种、成熟度、干湿程度、田块条件有变化要重新试割和调试机具。试割过程中，应注意观察、倾听机器工作状况，发现异常及时解决。

二、减少机收环节损失的措施

作业过程中，应选择适当的作业参数，并根据自然条件和作物条件的不同及时对机具进行调整，使联合收割机保持良好的工作状态，减少机收损失，提高作业质量。

（一）选择作业行走路线

联合收割机作业一般可采取顺时针向心回转、逆时针向心回转、梭形收割3种行走方法。在具体作业时，机手应根据地块实际情况灵活选用，要卸粮方便、快捷，尽量减少机车空行。作业时尽量保持直线行驶。转弯时应停止收割，将割台升起，采用倒车法转弯或兜圈法直角转弯，不要边割边转弯，以防因分禾器、行走轮或履带压倒未割小麦，造成漏割损失。

（二）选择作业速度

根据联合收割机自身喂入量、小麦产量、自然高度、干湿程度等因素选择合理的作业速度。作业过程中（包括收割作业开始前1分钟、结束后2分钟）应尽量保持发动机在额定转速下运转。通常情况下，采用正常作业速度进行收割，尽量避免急加速或急减速。当小麦稠密、植株大、产量高、早晚及雨后作物湿度大时，应适当降低作业速度。摘挡停车时，要等小麦脱粒滚筒运转一段时间后，再减小油门熄火停车。

（三）调整作业幅宽

在作业时不能有漏割现象，作业幅宽以割台宽度的90%为宜，保证喂入均匀；但当小麦产量过高、湿度过大或留茬高度过低时，以最低挡速度作业仍超载时，应减小割幅，一般割幅减少到80%时即可满足要求。

（四）保持合适的留茬高度

割茬高度应根据小麦植株高度和地块的平整情况而定，一般以10～15厘米为宜。割茬过高，由于麦穗高度不一致或通过田埂时割台上下波动，易造成漏割损失；同时，拨禾轮的拨禾铺放作用减弱，易造成落地损失。在保证正常收割的情况下，割茬应尽量降低但不小于5厘米，以免割刀切入泥土，加速切割器磨损。对于小麦穗头下部茎秆含水率较高地块收获作业时，可选用双层割刀割台，以减少喂入量，降低小麦留茬高度。

（五）调整拨禾轮速度和位置

调整拨禾轮的转速，使拨禾轮线速度为联合收割机前进速度的1.1～1.2倍，不宜过高；调整拨禾轮高低位置，应使拨禾轮弹齿或压板作用在被切割作物高度的2/3处为宜；调整拨禾轮前后位置，应视作物密度和倒伏程度而定，当作物植株密度大并且倒伏时，适当前移，以增强扶禾能力。拨禾轮转速过高、位置偏高或偏前，易造成小麦穗头籽粒脱落，增加收获损失。调整后，从驾驶室观察，以拨禾轮不翻草、割台不堆积麦秆为宜。

（六）调整脱粒、清选等工作部件

脱粒滚筒的转速、脱粒间隙和导流板角度的大小是影响小麦脱净率、破碎率的重要因素。在保证破碎率不超标的前提下，可通过适当提高脱粒滚筒的转速，减小滚筒与凹板之间的间隙，正确调整入口与出口间隙之比（一般为4∶1）等措施，提高脱净率，减少脱粒损失。在保证含杂率不超标的前提下，可通过适当减小风扇风量、调大筛子的开度及提高尾筛位置等，减少清选损失。

（七）倒伏小麦的收割

做好联合收割机拨禾轮、脱粒清选系统的调整。适当降低割茬，以减少漏割。倒伏严重时，应采取逆倒伏方向收获，拨禾弹齿后倾15°～30°，拨禾轮适当前移，可安装专用的扶禾器；顺倒伏方向收获时，拨禾弹齿后倾15°～30°，以增强扶禾作用。可通过降低作业速度来减少喂入量，防止堵塞。要适当增加风量，调好风向和筛子的开度，以糠中不裹粮为宜。割台底板轻触地面，割刀距地面高度视倒伏情况调整低于10厘米为宜。

（八）收割过熟作物

小麦过度成熟时，茎秆过干易折断、麦粒易脱落，脱粒后碎茎秆增加易引起清选困难，收割时应适当调低拨禾轮转速，防止拨禾轮板击打麦穗造成掉粒损失，同时降低作业速度，适当减小清选筛开度，也可安排在早晨或傍晚茎秆韧性较大时收割。

（九）规范作业操作

作业时应根据作物品种、高度、产量、成熟程度及秸秆含水率等情况来选择作业挡位，用作业速度、割茬高度及工作幅宽来调整喂入量，使机器在额定负荷下工作，尽量降低夹带损失，避免发生堵塞故障。要经常检查凹板筛和清选筛的筛面，防止被泥土或潮湿物堵死造成粮食损失，如有堵塞要及时清理。收割作业结束后粮箱存粮，要及时卸净。

（十）在线监测

提升装备智能化水平，可在小麦联合收割机上装配损失率、含杂率、破碎率在线监测装置。机手根据在线监测装置提示的相关指标、曲线，适时调整作业速度、喂入量、留茬高度等作业状态参数，得到并保持损失率、含杂率、破碎率较理想的作业状态。

【拓展阅读】

机械化减损技术，每亩地可以多收50斤粮食

跨区机收服务队、北斗监测、新的机械化收获减损技术……齐齐上阵，眼下的荆楚大地，为了力保夏粮颗粒归仓，政策科技农机齐发力，田野里展开了一场夏收大会战。据农情调度，湖北今年小麦收获面积约1 569.9万亩，截至2023年5月26日，已收割面积161.7万亩，进度10.3%。

2023年5月20日，在湖北省枣阳市七方镇罗咀村，几台大型的联合收割机在金色的麦田里来回穿梭，伴随收割机的轰鸣声，沉甸甸的麦粒被收入收割机的“腹中”。“你看这个麦穗很大也比较长，每株有42粒左右，籽粒也很饱满，刚才经过测算，这块田的每亩单产可达551千克，这是一个很高的产量水平。”枣阳市农技中心高级农艺师陈斌站在麦田高兴地说。枣阳市是湖北夏粮生产第一大县（市），常年种植小麦148万亩左右，连续多年保持“全国粮食生产先进县市”称号。为了实现稳面积、增产量、提质量的目标，枣阳市加大推广优良品种，在各个环节强化科学田间管理，推广高效施肥关键技术，小麦优良品种的应用率达到了100%。预计今年可收获小

麦约11.4亿斤。

因各地小麦成熟时间不同，各地农机保有量也存在差异，农机跨区作业仍是2023年湖北夏收重要内容。2023年以来，湖北各地农业农村部门突出抢前抓早，及时摸清以小麦和油菜机收、水稻机插（播）为重点的农机作业供求市场信息，做好供需对接和信息发布，积极推进农机跨区作业，千方百计抓好农机具调度，积极推广托管式、订单式、租赁式等农机作业服务，指导农机手和新型经营主体有序下田作业。截至2023年5月26日，投入农机具97.9万台（套），其中投入拖拉机30.6万台（套）、投入插秧机2.1万台、联合收割机1.8万台（外省跨区机具超过5 000台），小麦机收面积154.5万亩，机收率超过96%。

减损是保障“颗粒归仓”的重要一环。湖北提前谋划好小麦、油菜等农作物“三夏”机收减损工作，全省已举办现场会、培训班等100多场次，提升了机手技能意识和作业质量，充分挖掘机收减损潜力，确保小麦机收损失率控制在行业标准以内。自5月中旬以来，湖北省钟祥市小麦陆续开始收割。钟祥市云博农机服务专业合作社提前半个月便对农机进行保养和检修，并在当地农业农村部门指导下进行操作培训，最大限度减少机收损失。农机手卢振华告诉记者：“机械化减损技术，每亩地可以多收50斤粮食。”

与此同时，在2023年“三夏”期间，湖北农业农村部门联合气象部门，成立小麦成熟度预报研发和服务专班，利用无人机和地物光谱仪对不同成熟度的小麦进行航拍和光谱采样，通过卫星遥感开展星地一体化作物长势和成熟度动态监测，研发了小麦成熟度预报模型，实现了精细化到乡镇的小麦成熟度15天滚动预报，让农业生产调度有的放矢。为落实好高速免费通行政策，农业农村部门和交通部门携手为机手发放跨区作业证4 266张；组织各地农机部门建立农机跨区作业接待服务站247个，为来鄂跨区作业的机手免费提供作业信息、常用易损零配件等必需品。持续为机手提供优先加油、优惠供应、优质服务、免费办理等“三优一免”服务，优惠幅度不低于去年，对农机具加油优惠不低于3%。

第三章

水稻机械化收获减损技术

第一节　水稻的收获期

一、水稻成熟期的划分

水稻成熟期包括乳熟期、蜡熟期、完熟期和枯熟期。

（一）乳熟期

水稻开花后3～5天即开始灌浆。灌浆后籽粒内容物呈白色乳浆状，淀粉不断积累，干重、鲜重持续增加，在乳熟始期，鲜重迅速增加，在乳熟中期，鲜重达最大，米粒逐渐变硬变白，背部仍为绿色。该期手压穗中部有硬物感觉，持续时间为7～10天。

（二）蜡熟期

该期籽粒内容物浓黏，无乳状物出现，手压穗中部籽粒有坚硬感，鲜重开始下降，干重接近最大。米粒背部绿色逐渐消失，谷壳稍微变黄。此期经历7～9天。

（三）完熟期

谷壳变黄，米粒水分减少，干物重达定值，籽粒变硬，不易破碎。此期是收获时期。

（四）枯熟期

谷壳黄色褪淡，枝梗干枯，顶端枝梗易折断，米粒偶尔有横断痕迹，影响米质。

二、确定适宜的收获期

准确判断确定适宜收获期，防止过早或过迟收获造成脱粒清选损失或割台损失增加。针对不同田块大小、软硬程度、倒伏情况选择合适的收获机型和方式。选择晴好天气，及时收割。

（一）根据水稻生长特征判断确定

水稻的蜡熟末期至完熟初期较为适宜收获，此时稻谷籽粒含水量15%～28%。一般认为，谷壳变黄、籽粒变硬、水分适宜、不易破碎时标志着水稻进入完熟期。水稻分段式割晒机作业一般适宜在蜡熟末期进行。

（二）根据稻穗外部形态确定

一般来说，水稻穗部90%以上籽粒谷壳及穗轴、枝梗转黄、谷粒变硬时即可进行收获。不同类型品种，其稻穗籽粒落粒性不同，籼稻比粳稻更容易落粒。落粒性强的品种可以适当早收，不易落粒的品种可以适当晚收。在易发生自然灾害或复种指数较高的地区，为抢时间，可提前至九成熟时开始收获。

（三）根据生长时间判断确定

一般南方早籼稻适宜收获期为齐穗后25～30天，中籼稻为齐穗后30～35天，晚籼稻为齐穗后35～40天，中晚粳稻为齐穗后40～45天；北方单季稻齐穗后45～50天收获。

第二节　水稻的收获机械

一、水稻收获机械的类型

（一）小型稻麦联合收割机

小型稻麦联合收割机，也叫插秧兼收机，是一种兼有插秧和收割功能的农业机械。它是以发动机为动力，通过带动一系列机械装置实现水稻的收割、脱粒和清选等操作。该机体积小巧，适合亩产在300～400千克的小田地。

1. 优点

价格相对较低，比较适合农村的小规模农场或个体户使用；同时它还可以在田里插秧，实现一机多用。

2. 缺点

适用范围相对较小，只适合亩产在300～400千克的小田地；收割效率较低，需要较多的人力和时间。

（二）轮式收割机

轮式收割机是另一种比较常见的水稻收割机，它是以发动机或拖拉机为动力，通过切割、脱粒、分离、清选的机械运作完成水稻收割的过程。轮式收割机走路时靠4个轮子推动，能够适应不同的土地类型和环境。

1. 优点

收割范围广，适用于大面积、中等产量的农田使用；收割效率高，操作简便，可大大缩短收割时间。

2. 缺点

价格较高，维护难度较大；不如大型联合收割机的效率高。

（三）悬挂式收割机

悬挂式收割机也是一种常见的水稻收割机，其工作原理与轮式收割机类似，也是通过机械操作来完成水稻的收割、脱粒、分离和清选等操作。不同的是，该收割机需要通过拖拉机等大型车辆来推动和悬挂。

1. 优点

收割效率比插秧兼收机更高，适用范围广，可在中等面积的农田使用，收割效果好，操作简便。

2. 缺点

价格相对较高，操作时需要提供外力，需要大型车辆辅助。

（四）大型联合收割机

大型联合收割机是介于轮式收割机和悬挂式收割机之间的水稻收割机，它不仅可以收割水稻，还可以收割小麦、玉米等各种农作物。它是一种大型的机械设备，一般需要搭载在大型拖拉机上完成作业。

1. 优点

可适用于大面积的农田使用，收割效率高，并且可以通过更换刀具实现不同种类农作物的收割。

2. 缺点

价格相对较高，维护难度较大。

综上所述，水稻收割机的类型有插秧兼收机、轮式收割机、悬挂式收割机和大型联合收割机。各种类型的机器各有优缺点，根据具体的需要选择适合自己的机器。

二、小型稻麦联合收割机的使用和保养

（一）小型稻麦联合收割机的使用

小型稻麦联合收割机能一次完成收割、脱粒、清选、割

茬和袋装的作业全过程，操作轻便灵活，维护保养方便、清选机构简单实用，具有含杂率低、损失率小、功效高的特点（图3-1）。

图 3-1　小型稻麦联合收割机收割水稻

在操作收割机时应注意：

（1）收割前准备。检查收割机各个部件是否完好。

（2）将收割机驶入田地，然后将分草杆拉到作业位置，放下接粮台，将粮食排除闸板拉到“开”位置，接粮袋挂钩上挂好粮袋，将机器开到田埂垂直位置。

（3）调试机器。送尘调节手柄扳到“标准”位置，副变速手柄根据作物的条件，选择扳到“高速”或“低速”的位置，排草手柄放到“切草”或“排草”位置。

（4）降下割台，使分禾器的前端下降到离田地表面5～10厘米的地方。

（5）将脱离离合器和割取离合器手柄扳到结合的位置。

（6）将主变速手柄慢慢向前推，使机器开始收割。

（7）当作物开始进入脱粒口后，操作脱粒深度手动调节开关，使穗头处于脱离深度指示标志的位置。

（8）作物全部收割完后，将割取离合器手柄扳到分离的位置。

（9）等到出粮口不再出粮后，将脱粒机离合器手柄扳到分离位置。

（10）检查机器各部件开关是否关好。

（11）减小油门，发动机熄火。

（12）将收割机驶回置放点并进行一定的检查与维护。

（二）小型稻麦联合收割机的保养

小型稻麦联合收割机的保养包括整机保养和细小处进行管理。

对连接处的杂物要清洗干净、做好润滑或注油密封，如有易生锈的部位油漆剥落导致裸露，需要及时涂漆防锈。如果是橡胶的皮带，要擦净晾干，防止虫鼠危害，金属链条可用煤油或柴油清洗，然后放到机油中浸煮15～40分钟，或浸泡12小时，取出晾至不滴油时涂上软化油，再用牛皮纸包好放置在干燥通风处，以免霉烂变形。

收割机上还有一些是橡胶和塑胶制品，它们受到日照后极易老化变质，弹性较差，影响翌年的使用。在保管这些制品时，最好用石蜡油涂在其表面，然后放置在不受阳光直射的通风干燥处。塑胶制品和弹簧等物会因长期受压力或保管不当而变形，因此，要把弹簧放松，把传送带之类拆卸，单独存放。

另外，有些随机用的器具，特别是专用工具和各种备用件，需要单独存放，用完后放到原处，以免乱放造成丢失。

第三节　水稻机收减损的关键技术

一、作业前机具检查调试

作业前要保持机具良好工作状态，预防和减少作业故障，提高作业质量和效率。

（一）机具检查

作业季节开始前要依据产品使用说明书对联合收割机进行一次全面检查与保养，确保机具在整个收获期能正常工作。检查清理散热器，将散热器上的草屑、灰尘清理干净，防止散热器堵塞，引起发动机过热，水箱温度过高，应在每个工作班次间隙及时清理。检查空气滤清器，每班次前检查空气滤清器滤网堵塞情况，做必要清理。检查割台、输送带及传动轴等运动及连接部分的紧固件和连接件，防止松动。检查各润滑油、冷却液是否需要补充。检查各运转部件及升降系统是否工作正常。检查和调整各传动皮带的张紧度，防止作业时皮带过度张紧或过松打滑。检查搅龙箱体、粮仓连接部、振动筛周边等密封性，防止连接部间隙增大或密封条破损导致漏粮。检查脱粒齿、凹板筛是否过度磨损。

（二）试割

正式开始作业前要进行试割。试割作业行进长度以30米左右为宜，根据作物、田块的条件确定适合的作业速度，对照作业质量标准仔细检测试割效果（损失率、含杂率和破碎率），并以此为依据对相应部件（如风机进风口开度、振动筛筛片角度、脱粒间隙、拨禾轮位置、半喂入收割机的喂入深浅、全喂入收割机的收割高度等）位置及参数进行调整。调整后再进行试割并检测，直至达到质量标准为止。作物品种、田块条件有变化时要重新试割和调试机具。

二、减少机收环节损失的措施

作业前要实地查看作业田块土地、种植品种、生长高度、植株倒伏、作物产量等情况，预调好机具状态。作业过程中，严格执行作业质量要求，随时查看作业效果，如遇损失变多等情况要及时调整机具参数，使机具保持良好状态，保证收获作业低损、高效。

（一）选择适用机型

水稻生长高度为65～110厘米、穗幅差≤25厘米，或者收割难脱粒品种（脱粒强度>180克）时，建议选用半喂入式联合收割机。收割易脱粒品种（脱粒强度<100克）或高留茬收获时，建议使用全喂入收割机。作物高度超出110厘米时，可以适当增加割茬高度，半喂入联合收割机要适当调浅脱粒喂入深度。

（二）检查作业田块

检查去除田里木桩、石块等硬杂物，了解田块的泥脚情况，对可能造成陷车或倾翻、跌落的地方做出标识，以保证安全作业。查看田埂情况，如果田埂过高，应用人工在右角割出（割幅）×（机器长度）的空地，或在田块两端的田埂开1.2倍割幅的缺口，便于收割机顺利下田。

（三）正确开出割道

从易于收割机下田的一角开始，沿着田埂割出1个割幅，割到头后倒退5～8米，然后斜着割出第二个割幅，割到头后再倒退5～8米，斜着割出第三个割幅；用同样的方法开出横向方向的割道。规划较整齐的田块，可以把几块田连接起来开好割道，割出3行宽的割道后再分区收割，提高收割效率。收割过程中机器保持直线行走，避免边割边转弯，压倒部分谷物造成漏割，增加损失。

（四）合理确定行走路线

行走路线最常用的有以下3种。

1. 四边收割法

对于长和宽相近、面积较大的田块，开出割道后，收割1个割幅到割区头，升起割台，沿割道前进5～8米后，边倒车边向右转弯，使机器横过90°，当割台刚好对正割区后，停车，挂上前进挡，放下割台，再继续收割，直到将谷物收割完。

2. 梭形双向收割法

对于长宽相差较大、面积较小的田块，沿田块两头开出的割道，长方向割到割区头，不用倒车，继续前进，左转弯绕到割区另一边进行收割。

3. 分块收割法

考虑集粮仓容积，根据作物产量，估算籽粒充满集粮仓所需的作业长度规划收割路径，针对较大田块，收割至田块的适当位置，左转收割穿过田块，把1块田分几块进行收割。

（五）选择作业速度

作业过程中（包括收割作业开始前1分钟、结束后2分钟）应尽量保持发动机在额定转速下运转，地头作业转弯时，应适当降低作业速度，防止清选筛面上的物料甩向一侧造成清选损失，保证收获质量。当作物产量超过600千克/亩时，应降低作业速度，全喂入联合收割机还应适当增加割茬高度并减小收割幅宽。若田间杂草太多，应考虑放慢收割机作业速度，减少喂入量，防止喂入量过大导致作业损失率和谷物含杂率过高等情况。

（六）收割潮湿水稻及湿田作业

在季节性抢收时，如遇到潮湿作物较多的情况，应经常检查凹板筛、清选筛是否堵塞，注意及时清理。有露水时，要等到露水消退后再进行作业。在进行湿田收割前，务必仔细确认作物状态（倒伏角的大小）和田块状态（泥泞程度），收割过程中如遇到收割机打滑、下沉、倾斜等情况时，应降低作业速度，不急转弯，不在同一位置转弯，避免急进、急退，尽量减轻收割机的重量（及时排除粮仓内的谷粒）。若在较为泥泞的湿田中收割倒伏作物或潮湿作物时，容易造成割台、凹板筛和振动筛的堵塞，因此，需低速、少量依次收割，并及时清除割刀和喂入筒入口的秸秆屑及泥土。有条件的地方可以更换半履带，以适应泥泞田块正常收获作业。

（七）收割倒伏水稻

收割倒伏水稻时，可通过安装“扶倒器”和“防倒伏弹齿”装置，尽量减少倒伏水稻收获损失，收割倒伏水稻时放慢作业速度，原则上倒伏角小于45°时收割作业不受影响；倒伏角45°～60°时拨禾轮位置前移，调整弹齿角度后倾；在倒伏角大于60°时，使用全喂入联合收割机逆向收割，拨禾轮位置前移且转速调至最低，调整弹齿角度后倾。

（八）收割过熟水稻

水稻完全成熟后，谷粒由黄变白，枝梗和谷粒都变干，特别是经过霜冻之后，晴天大风高温，穗茎和枝梗易折断，这时收获需注意，尽量降低留茬高度，一般在10～15厘米，但要防止切割器“入泥吃土”，并且严禁半喂入收获，以减少切穗、漏穗。

（九）分段收获

使用分段式割晒机作业时，要铺放整齐、不塌铺、不散铺，穗头不着地，防止干湿交替，增加水稻惊纹粒，降低品质。捡拾作业时，最佳作业期在水稻割后晾晒3～5天，稻谷水分降至14%左右时，要求不压铺、不丢穗、捡拾干净。

（十）规范作业操作

作业时应根据作物品种、高度、产量、成熟程度及秸秆含水率等情况来选择前进挡位，用作业速度、割茬高度及割幅宽度来调整喂入量，使机器在额定负荷下工作，尽量降低夹带损失，避免发生堵塞故障。要经常检查凹板筛和清选筛的筛面，防止被泥土或潮湿物堵死造成粮食损失，如有堵塞要及时清理。收割作业结束后粮箱存粮，要及时卸净。

（十一）在线监测

提升装备智能化水平，可在小麦联合收割机上装配损失率、含杂率、破碎率在线监测装置。机手根据在线监测装置提示的相关指标、曲线，适时调整作业速度、喂入量、留茬高度等作业状态参数，得到并保持损失率、含杂率、破碎率较理想的作业状态。

【拓展阅读】

科技助力，减损增收，宁安无人机上阵预防水稻病虫害

2023年8月，在黑龙江宁安市江南乡，无人机在水稻、玉米田上空盘旋，农药抛洒出的水雾细密，均匀地落在叶面上。

“我们现在进行的是喷洒农药作业，预防灾后病虫害。在宁安市上空多个点位，均有无人机循环作业。”牡丹江市农业技术推广中心副主任李胜军向记者介绍。2023年8月初，宁安市遭受了几场不同程度的强降雨，使得农作物产生了不同程度的受损。为了及时减少损失并预防灾后病虫害发生，宁安市农业技术推广中心制定了尽快恢复农业生产、促进农作物生长的

措施。

对于积水作物，及时进行排水，水深区域使用柴油机设备抽水，积水较少地区采用挖沟的方式。据李胜军介绍，农作物长时间积水可导致农作物贪青晚熟，或是脱肥。面对这样的情况，及时进行“查田”，做到“早发现早治疗”，给这样的作物进行无人机抛洒叶面肥，可促进农作物生长，有效减少农业损失。

“现在，农作物到达了生长终期，也是重点时期，进行灾后病虫害预防是工作的重中之重，比如预防玉米大斑病，大豆根腐病、蚜虫病害，水稻灌浆期容易遇到穗颈瘟、粒瘟、蝗虫病害。此外秋菜也到了重要生长节点，白菜腐烂病、菜青虫病都是我们现在非常关注并着重进行预防的内容。”李胜军表示，采用无人机喷洒农药可预防这些病虫害，特别是灾后时期进行预防非常有效。随后，李胜军向记者展示了无人机作业监控平台，页面上显示着无人机作业的航行轨迹、作业面积、是否存在漏喷等情况。

第四章 玉米机械化收获减损技术

第一节 玉米的收获期

一、玉米成熟期的划分

玉米的成熟期一般可划分为乳熟期、蜡熟期、完熟期3个阶段。

（一）乳熟期

自乳熟初期至蜡熟初期为止。一般中熟品种需要20天左右，从授粉后16天开始到35～36天止；中晚熟品种需要22天左右，从授粉后18～19天开始到40天前后；晚熟品种需要24天左右，从授粉后24天开始到45天前后。此期各种营养物质迅速积累，籽粒干物质形成总量占最大干物重的70%～80%，体积接近最大值，籽粒水分含量在70%～80%。由于长时间内籽粒呈乳白色糊状，故称为乳熟期。可用指甲划破，有乳白色浆体溢出。

（二）蜡熟期

自蜡熟初期到完熟以前。一般中熟品种需要15天左右，即从授粉后36～37天开始到51～52天止；中晚熟品种需要16～17天，从授粉后40天开始到56～57天止；晚熟品种需要18～19天，从授粉后45天开始到63～64天止。此期干物质积累量少，干物质总量和体积已达到或接近最大值，籽粒水分含量下降到50%～60%。籽粒内容物由糊状转为蜡状，故称为蜡熟期。用指甲划时只能留下1道划痕。

（三）完熟期

蜡熟后干物质积累已停止，主要是脱水过程，籽粒水分降到30%～40%。胚的基部达到生理成熟，去掉尖冠，出现黑层，即为完熟期。完熟期是玉米的最佳收获期，若进行茎秆青贮时，可适当提早到蜡熟末期或完熟初期收获。完熟期后若不收获，这时玉米茎秆的支撑力降低，植株易倒折，倒伏后果穗接触地面引起霉变，而且也易遭受鸟虫危害，使产量和质量降低。

二、促进玉米早熟的方法

在夏玉米生育期内，常常出现阴雨、低温、寡照等不利自然气候条件，给玉米生产带来较大影响。主要表现在：一是生育期拖后；二是影响玉米授粉，秃尖、少粒现象时有发生，玉米的产量及质量下降；三是由于降雨增多，低洼地块遭内涝，使根系生长不良；四是玉米生长发育不良，穗位明显上移，抗倒伏能力减弱；五是草荒严重。因此，针对不利的气候条件，应立即采取有效的技术措施，促进玉米早熟，确保玉米有一个良好的收成。促进玉米早熟的方法如下。

（一）延长后期叶片寿命

保证后期茎叶的光合面积和光合强度，是提高光能利用率的一个重要环节。影响后期叶片寿命的关键是肥水和病虫草害。

（1）在玉米开花期。可喷洒0.3%的磷酸二氢钾加2%的尿素及硼、锌微量元素肥混合液（亩用1.5千克尿素加250克磷酸二氢钾，兑水50千克），促进玉米籽粒的形成，提高抗逆性，提早成熟。

（2）及时防治病害、虫害、草害。做好黏虫、玉米蚜虫和玉米螟的生物防治，减轻病、虫、草对玉米的危害程度，提高光能利用率，以减少玉米损失。

（二）隔行去雄

玉米去雄是一项简单易行的增产措施。农民有“玉米去了头，力气大如牛”的说法。玉米去雄有以下好处。

（1）可将雄穗开花所需的养分和水分，转而供应给雌穗生长发育需要。

（2）减轻玉米上部重量，有利于防止倒伏。

（3）雄花在植株顶部，去掉一部分雄花，防止遮光，有利于玉米光合作用，特别是密度过大时去雄更为重要。

去雄方法：一般清种玉米品种可去2行留1行，间作玉米可去1行留1行。

去雄的原则是在保证充足授粉的前提下，去雄垄越多越好。去雄最适宜的时期是雄穗刚抽出、手能握住时，授粉结束后余下的雄穗全部去掉。

（三）除去无效株和果穗

应及时除去第二果穗、第三果穗，依靠单穗增产，这样既可使有效养分集中供应主穗，又能促进早熟。玉米掰小棒的方法是当小棒刚露出叶鞘时，用竹扦、小刀划开叶鞘掰除，注意不要伤害茎叶。同时，将不能结穗的植株、病株拔除，既节水省肥，又有利于通风透光。

（四）人工辅助授粉

玉米雌穗花丝抽出一般比雄穗开花晚3～5天。在玉米开花授粉期间，如遇到低温阴雨等不利天气，受粉不良，易造成缺粒秃尖。因此，对受粉不好的地块和植株，要进行人工辅助授粉，以提高玉米结实率，减少秃尖。人工辅助授粉要选择玉米盛花期进行。工作时，可用硫酸纸袋采集多株花粉混合后，分别给受粉不好的植株授粉。

（五）及时清除杂草

在玉米灌浆后期及时拔除杂草，会促进土壤通气增温，有利于微生物活动和养分分解，促进玉米根系呼吸和吸收养分，防止叶片早衰，使玉米提早成熟。但在田间作业时，要防止伤害叶片和根系。

（六）站秆扒皮晒

玉米蜡熟后，站秆扒开玉米果穗苞叶，可促进玉米籽粒脱水，促进早熟。

（七）适时晚收

玉米后熟性较强，收获后植株茎叶中营养物质还在向籽粒中运输，增加粒重，因此，玉米提倡适时晚收。一般应在10月5日以后收获，这是一项不增加成本的增产措施。

三、确定适宜的收获期

（一）正常收获期

玉米适期收获可增加粒重、减少损失、提高产量和品质，过早或过晚收获将对玉米的产量和品质产生不利影响。玉米成熟的标志是植株的中部、下部叶片变黄，基部叶片干枯，果穗变黄，苞叶干枯呈黄白色而松散，籽粒脱水变硬，乳线消失，微干缩凹陷，籽粒基部（胚下端）出现黑帽层，并呈现出品种固有的色泽。玉米收获时期因品种、播期及生产目的而异。

（二）特殊地块收获期

收获倒伏玉米、过湿地块玉米，应根据天气情况、受灾情况以及下茬作物播种时间，因地制宜收获。如遇雨季迫近，或品种易落粒、折秆、掉穗、穗上发芽等情况，应适当提前抢收。

第二节　玉米的收获机械

玉米联合收割机是指一次完成摘穗（剥皮）、收集果穗（或摘穗、剥皮、脱粒），同时对玉米秸秆进行处理（切段青贮或粉碎还田）等项作业的机具。

一、基本构造

（一）玉米联合收割机的类型

玉米联合收割机大体可分为4种类型：背负式机型、自走式机型、牵引式机型、玉米专用割台。

1. 背负式玉米联合收割机

背负式玉米联合收割机也称悬挂式玉米联合收割机，即与拖拉机配套使用的玉米联合收割机，用拖拉机做底盘，把整台联合收割机悬挂组装在拖拉机上进行收获作业。作业结束后再把它拆卸下来存放。它可提高拖拉机的利用率、机具价格也较低。但是受到与拖拉机配套的限制，作业效率较低。目前国内已开发有单行、双行、3行等产品，分别与小四轮及大中型拖拉机配套使用，按照其与拖拉机的安装位置分为正置式和侧置式，一般多行正置式背负式玉米联合收割机不需要开作业工艺道。

2. 自走式玉米联合收割机

自走式玉米联合收割机是自带动力的玉米联合收割机，是专用玉米联合收割机机型，可一次完成玉米的摘穗、剥皮、输送、集仓、秸秆切碎还田（或秸秆粉碎回收）等全过程作业。该类机型国内目前有3行和4行，其特点是工作效率高、作业效果好，使用和保养方便，但其用途专一。国内现有机型摘穗机构多为摘穗板—拉茎辊—拨禾链组合结构，秸秆粉碎装置有青贮型和粉碎2种。底盘多是在已定型的小麦联合收割机底盘基础上改进的，多采用两端动力输出。操纵部分采用液压控制。

3. 牵引式玉米联合收割机

牵引式玉米联合收割机是我国引进吸收国外技术，自行设计生产的最早的一类机型。结构简单，使用可靠，价格较低。由拖拉机牵拉作业，即在作业时由拖拉机牵引收获机，再牵引果穗收集车，配置较长，转弯、行走不便，主要应用在大型农场。

4. 玉米专用割台

玉米专用割台又称玉米摘穗台，用玉米割台替换谷物联合收割机上的谷物收割台，从而将谷物联合收割机转变为玉米联合收割机。装上玉米专用割台的联合收割机，可一次完成玉米的摘穗、输送、果穗装箱等作业。这种机型投资小，扩展了现有麦稻联合收割机的功能，同时价格低廉，在1万～2万元每台，目前，国内开发的该类机型主要与新疆-2、佳木斯-3060、北京-2.5等型小麦联合收割机配套。

（二）玉米联合收割机的基本构造

玉米联合收割机由摘穗台（割台）、输送装置、剥皮装置、籽粒回收装置、秸秆粉碎装置（还田、回收）、集穗箱、传动系统、发动机、底盘、电气系统、液压系统、驾驶室及操纵装置等组成。

1. 摘穗台（割台）

由割台体、分禾器、切割器（茎穗兼收型）、拨禾链、摘穗装置、清草刀、果穗螺旋推运器等组成。摘穗装置是摘穗机构完成摘穗作业的核心，其功用是使果穗和秸秆分离。现有机器上所用的摘穗装置皆为辊式，分为纵卧式摘辊、立式摘辊、横卧式摘辊和纵向摘穗板4种。

割台的工作过程是玉米联合收割机是在行进中完成收割作业的。分禾器将禾秆从根部扶正，切割器切断秸秆后（茎穗兼收型），由拨禾链将禾秆扶持并引入摘穗辊，经摘穗辊摘穗后，进入果穗螺旋推运器，再经果穗螺旋推运器送入输送装置。

2. 输送装置

输送装置主要由输送器壳体、升运器链条组合、清杂装置等组成。玉米收割机一般装有2个果穗升运器，果穗第一升运器用来输送由摘穗辊摘落的果穗，果穗第二升运器用来输送由剥皮（苞叶）机送出的果穗和由籽粒回收螺旋推运器送出的籽粒。玉米联合收割机普遍采用螺旋推运器和刮板升运器。一般刮板升运器应用广泛，它具有传动可靠，输送能力强，可以大角度输送物料等特点。

3. 剥皮装置

剥皮装置作为玉米联合收割机的主要工作部件，其工作性能（剥皮生产率、剥净率、籽粒脱落率、破碎率）对整机的工作性能影响很大，剥皮装置多为辊式。它由若干对相对向里侧回转的剥皮辊和压送器等组成，剥皮装置工作时，压送器缓慢地回转（或移动），使果穗沿剥皮辊表面徐徐下滑。由于每对剥皮辊对果穗的切向抓取力不同（上辊较小，下辊较大）果穗便回转。果穗在旋转和滑行中不断受到剥皮辊的抓取，将苞皮或苞叶推运器撕开，并从剥皮辊的间隙中拉出。

4. 籽粒回收装置

玉米联合收割机上常用的籽粒回收装置是螺旋推运器式，由驱动装置、苞叶推运器、籽粒回收筛、籽粒回收螺旋推运器、托架等组成。在驱动装置驱动下，苞叶推运器将剥下的苞叶以及所夹带的籽粒在向机体外推送的同时进行翻动，使夹带的籽粒通过籽粒回收筛分离出来，落入下方的籽粒回收螺旋推运器中，再送到第二升运器。

5. 秸秆粉碎装置（还田、回收）

用于秸秆、苞叶、杂草、根茬等的粉碎还田。秸秆粉碎装置一般由机架部分、变速箱、压轮部分、悬挂部分、切碎部分、罩壳等组成。目前秸秆粉碎装置按动刀的形式区分有甩刀式、锤爪式和动定刀组合式3种机型。秸秆粉碎装置在玉米联合收割机上一般有3种安装位置：一是位于收割机后轮后部；二是位于摘穗辊和前轮之间；三是位于前后两轮之间，用液压方式提升。秸秆粉碎装置通过支撑辊在地面行走。工作时，由导向装置将两侧的秸秆向中间集中，切碎刀对秸秆多次数层切割后，通过大罩壳后端排出，均匀地将碎秸秆平铺在田间。一般切碎长度在85 ~ 100毫米。

6. 集穗箱

集穗箱主要用于收集和暂存从剥皮装置剥皮后的玉米果穗。

7. 传动系统

传动系统的作用是把发动机动力通过链传动、皮带传动、万向节传动轴等方式传递给摘穗台（割台）、输送装置、剥皮装置、籽粒回收装置、秸秆粉碎装置（还田、回收）等。

8. 发动机

发动机是为玉米联合收割机提供行走和工作部件的动力源，安装在驾驶室后输送器下，横向配置，便于传递动力。

9. 底盘

底盘用来支撑玉米联合收割机，并将发动机的动力转变为行驶力，保证玉米联合收割机行驶，主要由车架、行走离合器、行走无级变速器、齿轮变速箱、前桥、后桥、制动装置等组成。

10. 电气系统

电气系统是用来保证玉米联合收割机驾驶室内监控、发动机启动、照明等各辅助用电设备的用电。驾驶员要随时观察仪表上显示的电流、水温、油压，防止用电设备和线路短路，保证玉米收获机在作业及行驶过程中的启动、照明和仪表指示。随时观察蓄电池充电情况，发现问题应及时解决。

11. 液压系统

玉米联合收割机的液压系统是由工作部件液压系统和转向机构液压系统2个各自独立的系统组成。转向液压系统用来控制转向轮的转向；作业液压系统用来控制摘穗台升降、行走无级变速、秸秆粉碎还田机的升降和果穗箱的翻转卸粮。

主要液压元件有齿轮泵、液压油箱、多路手动换向阀、全液压转向器、割台液压缸、行走无级变速液压缸、秸秆粉碎还田机升降液压缸、果穗箱液压缸、转向液压缸、发动机工作部件离合器液压缸和单柱塞离合泵及双柱塞制动泵等。

12. 驾驶室

驾驶室位于割台后上方、前桥的前上方，驾驶员作业时可以方便环顾周围环境。为了衰减地面不平引起的振动，驾驶员能舒适驾驶，一般选用定型的金属弹簧驾驶座。驾驶室内集中有玉米联合收割机的操纵机构：转向机总成、离合器踏板、制动器踏板、脚油门、手油门、手刹车操纵杆、各种液压油缸操纵杆及监控等。

（三）玉米联合收割机的工作过程

玉米联合收割机工作时，拨禾轮首先把玉米向后拨送，引向切割器，切割器将玉米割下后，由拨禾轮推向割台搅龙，搅龙将割下的玉米推集到割台中部的喂入口，由喂入口伸缩齿将玉米切碎，并拨向倾斜输送槽，玉米秸秆和玉米穗在高速旋转的脱粒滚筒表面被滚筒上的柱齿反复击打、切割，迅速分解成籽粒、粒糠、碎茎秆和长茎秆。籽粒、粒糠、碎茎秆从分离板的孔隙中落入清选设备的抖动筛上，长茎秆从排草口排出，完成籽粒与秸秆分离。长茎秆从排草口抛出去，分离出来的籽粒、颖糠、碎茎秆、杂余，输送到清选设备，在清选设备的上筛和下筛的交替作用下，玉米籽粒从筛孔落到提升器内，其余杂物被清选排出机外，玉米籽粒通过提升器送入粮仓，完成脱粒。

二、田间作业

（一）玉米联合收割机的磨合与调整

1. 玉米联合收割机的磨合

新购置的玉米联合收割机在收获前，必须进行磨合。磨合可以使零件获得合适的配合间隙，及时发现装配故障。

（1）空转磨合。磨合首先是整机原地空转磨合。磨合时，启动柴油机，空转运行10分钟。留心观察整个机器部件是否有异常响声，异常振动，传动部件过热等情况。开启割台，检查割台各个部件转动是否正常。缓慢升降割台，仔细检查升降系统工作是否准确、可靠，整机空转磨合后，进行行走磨合。行走磨合前，仔细检查、清理玉米联合收割机的内部。

用手转动中间轴右侧的带轮，看有无卡滞现象。正常情况下，应该运转自如。行走磨合时，从低挡到高挡，从前进挡到后退挡逐步进行磨合。行驶20～30分钟后停车检查。应检查的项目有左边、右边链传动有无过热及其他异常情况，各个传动链条是否符合张紧规定，轮胎气压是否充足，所有紧固件是否松动。

（2）负荷磨合。行走磨合后进行带负荷磨合，也就是试割。试割应在收获作业的第一天进行，选择在地势较平坦、草少、成熟度一致、无倒伏、具有代表性的地块进行。开始以小喂入量低速行驶。逐渐加大负荷，直到额定喂入量。应该强调无论喂入量多少，柴油机均应在额定转速下全速工作。在试割过程中应及时、合理调整各工作部件，使之达到良好的作业状态。

2. 玉米联合收割机的调整

在收获前应根据具体地块的实际情况对玉米联合收割机进行适当的调整。

（1）割台切割器的调整。割台切割器对收割质量有很大的影响。动刀片和护刃器之间的间隙，应为0.1～0.5毫米。如果不对，可用榔头轻轻敲打进行调整。调整后的动刀片应滑动自如。

（2）搅龙叶片与割台底板间隙的调整。根据玉米的长势，调整搅龙叶片与割台底板之间的间隙。一般有3种情况，一般长势间隙应为15～20毫米，稀矮长势间隙应为10～15毫米，高大稠密长势间隙应为20～30毫米。调整时，先将割台两侧壁上的搅龙固定螺母松开，再将割台侧壁上的搅龙伸缩调节螺母松开，转动调节螺母，使搅龙升起或降落。按需要调整搅龙叶片和底板之间间隙。调整后拧紧搅龙固定螺母即可。

（3）伸缩齿与割台底板间隙的调整。伸缩齿与割台底板的间隙应为10～15毫米。对长势稀矮的玉米，可调整为不低于6毫米。对长势高粗稠密的玉米，应使伸缩齿前方伸出量加大，有利于抓取作物，避免缠挂。调节伸缩齿与割台底板间隙时，应先松开调整螺母，移动伸缩齿调节手柄即可改变伸缩齿与底板间隙。将手柄往上移动间隙变小；将手柄往下移动间隙变大。调整完后，必须将调整螺母牢固拧紧，防止脱落打坏机体。

（4）倾斜输送槽的链耙与底板的调整。将作物送入滚筒室内，正常的链耙与底板之间的间隙为2厘米。链耙在割台内部，其间隙不易观察测量。测量时，先打开输送槽观察口，将链耙中部向上提起，高度5厘米左右为宜，如不到标准应及时调整。调整时，先松开输送槽螺母，再拧转输送槽螺母，以达到张紧要求，调整后的链耙紧度必须适当，不允许张得过紧。调整链耙后必须拧紧调整螺母。最后盖上输送槽观察口，拧紧螺母。

（二）玉米收割前的准备

（1）按照拖拉机使用说明书的要求对拖拉机进行班次保养，并加足燃油、冷却水和润滑油。

（2）按照收获机使用说明书的要求对机具进行班次保养，加足润滑油，检查各紧固件、传动件等是否松动、脱落，有无损坏，各部位间隙、距离、松紧是否符合要求等。

（3）根据用户要求和作业负荷情况，调整割台高度。一般情况下，割台高度不应低于12厘米。

（4）割茬高度，以不影响耕地作业、不影响下茬种植为标准。

（三）玉米联合收割机的操作

1. 正确操作

（1）悬挂式玉米联合收割机在长距离行走或运输过程中，应将割台和切碎器挂接在后悬挂架上，中速行驶，除1名驾驶员外，其他部位不允许乘坐人员。

（2）在进入作业区域收割前，驾驶员应了解作业地块的基本情况，如地形、作物品种、行距、成熟程度、倒伏情况，地块内有无木桩、石块、田埂未经平整的沟坎，是否有可能陷车的地方等。应尽量选择直立或倒伏较轻的田块收获。收获前倒伏严重的玉米穗和地块两头的玉米穗摘下运出，然后进行机械化收获作业。

（3）先用低1挡试收割，在地中间开出1条车道，并割出地头，便于卸粮车和人员通过及机组转弯。

（4）驾驶员应灵活操作液压手柄，使割台适应地形和农艺要求，并避免扶禾器、摘穗辊碰撞硬物，造成损坏。

（5）收获时最大行驶速度应在每小时10～18千米，速度不可过快，防止收获机超负荷运转，损坏动力输出轴。

（6）玉米联合收割机在田间作业时，柴油机油门必须保持在额定位置。

（7）当通过田埂或地头时，应该升起割台，并且避免急转弯。

（8）注意玉米联合收割机作业时，要求横向坡度不应大于8°，纵向坡度不应大于25°。

（9）卸粮时，将卸粮搅龙筒放下，下压卸粮离合器操纵杆，进行卸粮。卸粮后上提操纵杆。卸粮完毕时，应将卸粮搅龙筒收回运输位置固定。行进卸粮时，应注意两机间距必须大于40厘米。

（10）停车时，必须将割台放落地面，将所有操纵装置放至空挡位置或中间位置，应将手刹固定。

2. 玉米联合收割机的收获方法

玉米联合收割机常用的收获方法有梭形法、向心法和套收法。

（1）梭形法。机组沿田地一侧开始收获，收完1个行程后，在地头转弯进入下一行程，1行紧接1行，往返行进。这种收获方法优点是不受地块宽度限制，地块区划简单，行走方法容易掌握。其缺点是地头转弯频繁，地头需留出较宽的距离。

（2）向心法。机组从地块一侧进入，由外向内绕行，一直收到地块中间。其优点是行走路线简单，地头宽度小；其缺点是需要根据收获机组的工作幅宽精确计算，否则容易造成漏收。

（3）套收法。将地块分成偶数等宽的若干区域。机组从地块一侧进入，收到地头后，到另一区的一侧返回，依次收完整个地块。这种收获方法适合于区域长度较短的地块或垄地播种。

3. 安全使用规范

（1）机组驾驶人员必须具有农机管理部门核发的驾驶证，经过玉米收获机操作的学习和培训，并具有田间作业的经验。

（2）与联合收割机配套的拖拉机必须经农机安全监理部门年审合格，技术状况良好。使用过的玉米收获机必须经过全面的检修保养。

（3）工作时机组操作人员只限驾驶员1人。严禁超负荷作业，禁止任何人员站在割台附近。

（4）拖拉机启动前必须将变速手柄及动力输出手柄置于空挡位置。

（5）机组起步、接合动力、转弯、倒车时，要先鸣笛，观察机组附近状况，并提醒多余人员离开。

（6）工作期间驾驶员不得饮酒，不允许在过度疲劳、睡眠不足等情况下操作机组。

（7）作业中应注意避开石头块、树桩、沟渠等障碍，以免造成机组故障。

（8）工作中驾驶人员应随时观察、倾听机组各部位的运行情况，如发现异常，立即停车排除故障。

（9）保持各部位防护罩完好、有效，严禁拆卸护罩。

（10）严禁机组在工作和未完全停止运转前清除杂草、检查、保养、排除故障等。必须在发动机熄火机组停止运行后进行检修。检修摘穗辊、拨禾链、切碎器、开式齿轮、链轮和链条等传动和运动部位的故障时，严禁转动传动机构。

（11）机组在转向、地块转移或长距离空行及运输状态，必须将收获机切断动力。

三、维护与保养

要想使玉米联合收割机为我们服务得更长久，除了正确使用外，必须切实做好维护保养工作。维护保养分为日常保养和入库保养。

（一）日常保养

（1）每日工作结束后，应清洁玉米联合收割机残留的灰尘、茎叶和其他杂物。

（2）检查每个组件连接，如果有松动要及时紧固。特别要检查破碎装置叶片，紧固刮板输送机，面板有无变形和损坏。

（3）检查三角带、传动链、输送链条张力。松动后要进行调整，有损坏变形的要进行更换。

（4）检查减速机、封闭齿轮箱，以及液压系统液压油、润滑油有无泄漏和不足。

（5）经常清理散热器。因为玉米收割机工作的环境比较恶劣，作业场地尘土飞扬，碎秆、碎草较多，对于散热器来说，很容易被堵住，加之连续工作负荷重，易造成发动机水箱温度过高。因此，作业前一定要注意清理水箱防护罩，尽量把里面的草屑、灰尘清理掉。这一环节可以在作业间隙完成。

（6）清理空气滤清器。玉米收割机作业环境恶劣，空气滤清器也容易造成滤网堵塞，因此，要经常进行清理。要严格按收割机使用说明书的要求进行保养，并根据工作情况增加清理次数。

（二）入库保养

玉米收割机在经历了几十天的连续作业后，机器内部会积有大量的尘土和污物，并伴有零部件不同程度的磨损，因此，在收获季节结束之后，一定要对玉米收割机进行科学的保养，这样既可以延长玉米收割机的使用寿命，还能降低翌年玉米收割机故障的发生率。

（1）仔细认真清洗机器。在清扫机器时，首先打开机器各部位的检视孔盖，拆下所有的防护罩，清除滚筒室、过桥输送室内的残存杂物，清扫抖动板、清选室底壳、风扇蜗壳内外、变速箱外部、割台、驾驶台、发动机外表等部位残存的秸秆杂草和泥土杂物等。清扫完毕，启动机器，让各部件高速运转5分钟，排尽各种残存物，然后用水冲洗机器外部，再启动机器高速运转3～5分钟，以除去残存的水，晾干后存放。

（2）各滤清器、散热器片需要进行清理和清洗干净，要认真检查变速箱里机油量、液压装置液压油是否充足，查看是否需要更换。将传送带、链、弹簧和履带等张紧装置放松。

（3）查看行走离合器及主离合器摩擦片、分离轴承，观察各组离合器及轴承磨损情况是否严重，如果影响到以后的工作，就要进行调整或更换。要拆下各球面轴承，从轴承小孔处加注润滑油。

（4）作业结束后入库前要卸下蓄电池，把蓄电池里面的电解液倒出，一定要清理干净电瓶和芯片表面的灰尘，最后使用蒸馏水多次冲洗电瓶及芯片，放在干净通风处晾干，晾干后包装储存待翌年使用。

（5）清洗切割器，清洗干净后在切割器表面涂抹防锈油，防止切割器被锈蚀。同时检查切割器各工作部件是否有破损的地方，根据不同的损坏程度进行修理或更换。同时，各运动表面要进行一次充分润滑。

（6）对链轮进行清洗，并在链轮表面涂上防锈油以防止锈蚀。检查链轮各零部件的损坏情况，根据损坏情况予以修理或更换。同时，对链轮各个接触运动部件进行润滑。

（7）选择好长期停放收割机的场所，停放地点应选在通风、干燥的室内，不要露天放置。放下割台，割台下垫上木板，使其不能悬空，前后轮支起并垫上垫木，使轮胎悬空，要确保支架平稳牢固，放出轮胎内部的气体。在停放保管期间，每月要求对液压操纵阀等工作位置扳动10～15次，同时，要经常转动发动机曲轴，促使活塞、气缸等部位经常得到润滑。有条件的还要加盖篷布，以减少灰尘及杂物等进入。

（8）卸下所有传动链，用柴油清洗后擦干，再浸入机油中15～30秒后装复原位。若磨损严重，则应更换新品。也可浸油后用纸包上存放。卸下拨禾压木板，捆束后平置在架上。

（9）拆下割刀总成，清洗后涂防锈油置水平板上，或吊挂起来防止变形。

（10）拆下燃油箱和输油管，用干净柴油刷洗，确保无渗漏，防止受潮生锈。

（11）放出空气滤清器、发动机油底壳、机油滤清器内的机油。

（12）清洗冷却系统，彻底放净冷却系统中的冷却水，防止冬季结冰冻裂机件。

第三节　玉米机收减损的关键技术

一、确定收获方式与适宜机型

应选择与玉米种植行距、成熟期、适宜收获方式对应的玉米收获机。根据玉米种植行距选择匹配的收获机割台，6行以下收获时种植行距与割行中心之间的偏差在±5厘米以内，6行及以上收获时应保证种植行距与割行中心距偏差在±3厘米以内。不同的收获方式与状况，适宜机型如下。

（一）收获玉米果穗

对种植中晚熟品种和晚播晚熟的地块，玉米籽粒含水率在25%以上时，应采取机械摘穗剥皮、晒场晾穗或整穗烘干的收获方式，待果穗籽粒含水率降至25%以下或东北地区白天室外气温降至-10℃时，再机械脱粒。

（二）收获玉米籽粒

对种植早熟品种的地块，当籽粒含水率降至25%以下或东北地区白天室外气温降至-10℃时，可利用玉米籽粒联合收获机直接进行脱粒收获，减少晾晒再脱粒成本。

（三）收获倒伏玉米

宜选用割台长度长、倾角小、分禾器尖能够贴地作业的玉米收获机；也可在普通玉米收获机割台上加长分禾器尖或加装倒伏扶禾装置，增加扶禾作业行程。玉米倒伏倾角大于60°时，收获机割台加装链式辅助喂入、螺旋叶片式辅助喂入和拨指式辅助喂入等装置，提高倒伏玉米喂入的流畅性。

（四）收获过湿地块玉米

宜采用履带式玉米收获机，如不具备条件，也可通过其他收获机械改装，实现玉米收获。如将轮式玉米收获机改造为半履带式玉米收获机，增加接地面积；也可将履带式谷物联合收割机通过更换玉米专用割台，调整滚筒转速、凹板间隙等工作参数，实现应急收获。

二、作业前准备

玉米收获机作业前要充分做好保养与调试工作，使机具达到最佳工作状态，预防和减少作业中发生故障，提高收获质量和效率。

（一）机具检查

作业季节前，依据产品使用说明书对玉米收获机进行一次全面检查与保养，确保机具在整个收获期能正常工作。经重新拆装、保养或维修后的玉米收获机要认真做好试运转，仔细检查行走、转向、割台、输送、剥皮、脱粒、清选、卸粮等机构的运转、传动、间隙等情况。作业前，要检查各操纵装置功能是否正常；检查各部位轴承及轴上高速转动件（如茎秆切碎装置、中间轴）安装情况；离合器、制动踏板自由行程是否适当；燃油、发动机机油、润滑油、冷却液是否适量；仪表盘各指示是否正常；轮胎气压是否正常；三角带、链条、张紧轮等是否松动或损伤；运动是否灵活可靠；检查和调整各传动皮带的张紧度，防止作业时皮带打滑；重要部位螺栓、螺母有无松动；有无漏水、渗油等现象；所有防护罩是否紧固，检查窗、密封件、金属挡板等部位是否闭合、密封完全。备足备好田间作业常用工具、易损零配件等，以便出现故障时能够及时排除。进行空载试运转，检查液压系统工作情况，液压管路和液压件的密封情况；检查轴承是否过热及皮带、链条的传动情况，以及各连接部件的紧固情况。

（二）田块准备

玉米收获机在进入地块收获前，须先了解地块的基本情况，包括玉米品种、种植行距、密度、成熟度、产量水平、最低结穗高度、果穗下垂及茎秆倒伏情况和田间障碍情况等，提前制订作业计划。

作业前应对地块中的沟渠、田埂、通道等予以平整，并将田里水井、电杆拉线、树桩等不明显障碍进行标记，以利于安全作业。对田间积水严重、短时无法排水的地块，挖沟通渠，排除田间积水；对一般积水地块，疏通沟渠排水，开挖深沟沥水，以玉米收获机能进地为原则。

三、试收

正式收获作业前，选择有代表性的地块进行试收，检查试收作业质量，并根据作业质量调整机具参数。

（一）下地试收作业

收获机进入田间后，接合动力挡，使机器缓慢运转。确认无异常后，将割台液压操纵手柄下压，降落割台至合适位置（使摘穗板或摘穗辊前部位于玉米结穗位下部30～50厘米处），缓慢接合主离合，使各机构运转，若无异常方可使发动机转速提升至额定转速；待各机构运转平稳再挂低速挡前进。首先应采用收获机使用说明书推荐的参数设置进行试收，采取正常作业速度试收30~50米停机，检查果穗、籽粒损失、破碎、含杂等情况，确认有无漏割、堵塞等异常情况，并按需调整机具和作业参数。

（二）检查试收质量

检查损失时，应明确损失类型和发生原因。收获时损失一般包含收割前损失、收获机损失，收获机损失又分为割台损失、剥皮磕粒损失、脱粒损失、清选损失、苞叶夹带籽粒损失等。应明确收获损失的种类，然后进行针对性调整。为了减少机械化收获损失，应对摘穗辊（或拉茎辊、摘穗板）、输送、剥皮、脱粒、清选等机构视情况进行必要调整，调整后再进行试收检测，直至达到收获质量标准要求。

（三）机具参数调整方法

1. 调整辊式摘穗机构工作参数

对于摘穗辊式的摘穗机构，摘穗辊转速过低时，玉米果穗被啃伤的概率增加；摘穗辊转速较高时，玉米果穗被啃伤、落粒的概率增加。因此，应合理选择摘穗辊转速。另外，当摘穗辊的间隙过小时，碾压和咬断茎秆的情况比较严重，而且会有较粗大的秸秆不能顺利通过而产生堵塞；间隙过大时会啃伤果穗，并导致掉粒损失增加。因此，应根据玉米性状特点进行调整摘穗辊间隙。应调整到适宜的摘穗辊转速或间隙，使用大油门保持发动机额定转速，以使摘穗辊处于合适转速范围（900~1 200转/分），摘穗辊间隙一般为待收玉米茎秆平均直径的0.3~0.5倍，具体调整方法按照收获机使用说明书的要求进行。

2. 调整拉茎辊与摘穗板组合式摘穗机构工作参数

2个拉茎辊之间及2块摘穗板之间的间隙正确与否对减少损失、防止堵塞有很大影响，必须根据玉米品种、果穗大小、茎秆粗细等情况及时进行调整。

（1）拉茎辊间隙是指拉茎辊凸筋与另一拉茎辊凹面外圆之间的间隙；间隙过大时拉茎不充分、易堵塞，果穗损失增大；间隙过小，造成咬断茎秆情况严重，因此，应保持适宜的拉茎辊工作间隙（10～17毫米）。当茎秆粗、植株密度大，作物含水率高时，间隙应适当大一些，反之间隙应小一些，具体调整方法按照收获机使用说明书的要求进行。

（2）摘穗板间隙主要与茎秆直径、果穗直径有关，应调整至摘穗板前端间隙为所收玉米果穗平均直径的2/3，摘穗板后端间隙比前端大5毫米。应使用大油门保持发动机额定转速，以使拉茎辊处于合适转速范围（600～900转/分），具体调整方法按照收获机使用说明书的要求进行。

3. 调整剥皮装置

摘穗剥皮型玉米收获机剥皮装置应根据待收果穗状态调整适宜的压送器与剥皮辊间距，应略小于玉米穗直径，使果穗与剥皮辊保持适当的摩擦力，提高剥净率。剥皮辊倾角一般取10°～12°，适当倾角可减少果穗损伤和落粒。具体调整方法按照收获机使用说明书的要求进行。

4. 调整脱粒、清选等工作部件

玉米籽粒收获时，在保证破碎率符合要求的前提下，可通过适当提高脱粒滚筒的转速，减小滚筒与凹板之间的间隙等措施，提高脱净率；在保证含杂率符合要求的前提下，可通过适当减小风扇转速、调大筛子的开度及提高尾筛位置等，减少清选损失。具体参数选择和调整方法按照收获机使用说明书的要求进行调整。

四、收获作业

（一）合理确定行走路线

1. 正常情况收获

收获机作业时机手应首先了解拟作业地块的大体形状、长宽与玉米种植方向，以确定机具进地位置与行进方向，务必保证机器沿玉米种植行的方向行进。转弯时应停止收割，采用倒车法转弯或顺时针兜圈法直角转弯，不要边收边转弯，以防分禾器、行走轮等压倒未收获的玉米，造成漏割损失，甚至损坏机器。应尽量避免垂直于种植行收割，特别是在垄较高的田块，垂直于种植行收割会造成机器大幅度颠簸，进而加大收割损失，甚至造成机具故障。

2. 倒伏玉米收获

对于倒伏方向与种植行平行的玉米植株宜采取与倒伏方向相反的逆向对行收获方式，并空转返回，有利于扶起倒伏玉米进行收割；对于倒伏方向不一致的玉米植株宜采取往复对行收获作业方式。作业时收获机分禾器前部应在垄沟内贴近地面，并断开秸秆还田装置动力或将该装置提升至最高位置，防止漏收的玉米果穗被打碎，方便人工捡拾，减少收获损失。收获作业时应适当降低收获速度，及时清理割台，防止倒伏玉米植株不规则喂入等原因造成的堵塞，影响作业效果，加大作业损失。

（二）选择作业速度

应根据玉米收获机理论喂入量、玉米产量、植株密度、自然高度、干湿程度等因素合理确定作业速度，一般为4～6千米/时。应保证前进速度与拉茎辊转速、拨禾链速度同步，减少割台落穗损失。通常情况下，开始时先用低速收获，然后适当提高作业速度，最后采用适宜的正常作业速度进行收获，严禁为追求效率单方面提升前进速度。收获中注意观察摘穗机构、剥皮机构等是否有堵塞情况。当玉米稠密、植株大、产量高、行距宽窄不一（行距不规则）、地形起伏不定、早晚及雨后作物湿度大时，应适当降低作业速度；低速行驶时，不能降低发动机转速。晴天的中午前后，秸秆干燥，收获机前进速度可选择快一些。玉米过度成熟时，茎秆过干易折断、果穗易脱落，脱粒后碎茎秆增加易引起分离困难，收获时适当降低前行速度，也可安排在早晨或傍晚茎秆韧性较大时收割。

（三）调整作业幅宽或收获行数

在负荷允许、收获机技术状态完好的情况下，控制好作业速度，尽量满幅收获，当负荷较大时，适当减少收获行，保证作物喂入均匀，防止喂入量过大，影响收获质量。当玉米行距宽窄不一，可不满割幅作业，避免剐蹭相邻行茎秆，导致植株倒折及果穗掉落，增加损失。

（四）保持合适的留茬高度

留茬高度应根据玉米的高度和地块的平整情况以及翌年（下茬）作物种植技术模式而定，一般留茬高度要小于10厘米，也可高留茬30～40厘米，后期再进行秸秆处理。采用保护性耕作技术的区域，收获时留茬高度尽可能控制在10～25厘米，以利于根茬固土，形成“风墙”，起到防风、降低地表风速和阻挡秸秆堆积作用。

（五）规范驾驶操作

（1）玉米收获机应由专业人员或经专业培训的熟练机手进行操作，熟练掌握收获机跨越障碍物、转弯、收获、行走、卸粮等操作要领。

（2）应按试收时调整好的机具参数进行收获，定期检查割茬高度、收获损失率、剥净率、含杂率和破碎率等作业质量，根据作业质量及时调整割台高度、割台参数、剥皮装置或脱粒清选工作部件。

（3）作业中不得随意停车，若需停车时，应先停止机器前进，让收获机继续运转30秒左右，然后再切断动力，以减少再次启动时发生果穗断裂和籽粒破碎的现象。

（4）作业中机手应随时观察收获机作业状况，避免发生分禾器、摘穗机构碰撞硬物、漏收、喂入量过大、还田机锤爪打土等异常现象。

五、烘干及储存

（一）烘干

收获后的玉米籽粒含水率如未达到储存要求，应及时烘干。收获的玉米籽粒，宜选用连续式干燥机或循环式干燥机进行烘干；收获的玉米果穗，应先离地储存或晾晒，通风降水，待籽粒含水率降至25%以下或进入冬季果穗结冻后，再脱粒并烘干。

烘干前，应进行初清，不得有长茎秆、麻袋绳、塑料薄膜等杂物，玉米含杂率≤2%；应测定玉米籽粒初始含水率，同一批烘干的玉米籽粒水分不均度应≤3%。

烘干时，玉米允许受热温度要求：食用玉米≤50℃，淀粉发酵工业用玉米≤55℃，饲料用玉米≤60℃，种用玉米≤43℃。同时，应控制一次降水幅度≤18%，以降低玉米裂纹率和干燥不均匀度。烘干后，玉米色泽气味应无明显变化，无热损伤粒、焦糊粒。玉米干燥质量应符合GB/T 21017—2021《玉米干燥技术规范》的要求。

（二）储存

玉米籽粒宜采用仓内散存或囤存的储存方式，仓内环境温度≤20℃，空气相对湿度60%～70%，玉米籽粒平衡水分一般低于14%。应根据当地气候条件和粮情状况，适时通风，平衡粮温和水分，有效防止发热、结露、吸湿等隐患。

【拓展阅读】

济宁市兖州区，机收减损有“妙招”

金秋时节，济宁市兖州区漕河镇张庄村上千亩玉米进入收获期。2023年9月23日，为了在雨前将玉米收割完毕，天刚蒙蒙亮，志发农机专业合作社理事长张志发和农机手郑现如就来到田地里忙碌起来。

伴随着农机收割的轰隆声，一辆辆满载的农用三轮车将玉米从田间送往合作社仓库。今年张志发流转了近800亩土地，每亩产量可达1 300～1 400斤。“每亩地比去年增收150～200斤，粗略估算下来能增收12万斤。”张志发很是高兴。

为了减少玉米收割过程中的损耗，2023年，志发农机专业合作社使用了240马力发动机的四行自走式玉米收获机，这种玉米收获机采用了全弧不对行割台，横着也能收割玉米。“横向收割很大程度上减少了农机在转弯掉头时对玉米的损耗。”张志发说。

横向上减少转弯损耗，纵向上农机减损也有“妙招”。“收获机还加长了农机摘穗辊的长度，割台可以贴地面收割，对于一些矮穗玉米也能轻松摘穗。”山东金大丰机械有限公司市场部经理甘瑞祥介绍。

除此之外，四行自走式玉米收获机还预留了倒伏尖安装口，在收获机上加装倒伏尖后，倒伏玉米的收割也不再是难题。

减损即是增收。近年来，兖州区农业机械服务中心将秋粮机收及机收减损作为一项重要任务，除了在硬件上提高农机作业水平外，还在全区范围内进行农机手培训、农机检修工作，将农机补贴政策落实落细，多措并举确保“三秋”生产高效顺利进行。

机收减损，基础在农机，关键还在机手。“我们举办了农机手能力提升专题培训班，到山东五征集团有限公司、雷沃重工集团有限公司、英轩重工有限公司、悍沃农业装备有限公司等农机企业进行现场观摩教学。通过培训，让农机手掌握了机器的保养、维护和收获的标准。”兖州区农业农村局党组成员、农业机械服务中心主任刘计兵表示，为了提升农机手的操作水平，该中心还开设了16场直播培训课程，培训基层农机管理人员和农机手2 100余人（次）。

兖州区农业机械服务中心还加强农机服务保障，安排维修人员到田间地头、合作社进行机械检修，共检修各类机器4 500多台套，保证各类农机以最好的状态投入“三秋”生产中。组织68家农机专业合作社、1 079台玉米收获机包地块对接服务，建立了区镇村三级“三秋”联系人制度，确保每个地块、每亩玉米有机可用。

“兖州区充分利用农资购置与应用补贴政策，加大新机具、新装备、新技术的推广力度与老旧破农机的报废力度，提升农机作业质量。”刘计兵说。

截至2023年9月，兖州区录入农机购置与应用补贴申请办理服务系统机具2 138台，申请农机购置补贴资金2 858万元；实施农机报废补贴资金121.87万元，报废机具89台。

第五章

大豆机械化收获减损技术

第一节　大豆的收获期

一、大豆成熟期的划分

大豆的成熟期一般可划分为生理成熟期、黄熟期、完熟期3个阶段。

（一）生理成熟期

大豆进入鼓粒期以后，大量的营养物质向种子运输，种子中干物质逐渐增多，当种子的营养物质积累达到最大值时，种子含水量开始减少，植株叶色变黄，此时即进入生理成熟期。

（二）黄熟期

当种子水分减少到18%～20%时，种子因脱水而归圆，从植株外部形态看，此时叶片大部分变黄，有时开始脱落，茎的下部已变为黄褐色，籽粒与荚皮开始脱离，即为大豆的黄熟期。

（三）完熟期

继而植株叶子大部分脱落，种子水分进一步减少，茎秆变褐色，叶柄基本脱落，籽粒已归圆，呈现本品种固有的颜色，摇动植株时种子在荚内发出响声，即为完熟期。

此后茎秆逐渐变为暗灰褐色，表示大豆已经成熟。

二、促进大豆早熟的方法

（一）排水促生长

在7—8月期间，很多地区都是处于雨季，有时降水量会特别大，雨水过多会对大豆造成不同程度的影响，尤其是低洼地势的地块，极易发生沤根现象，严重影响到大豆品质和产量。所以对于易发生内涝的低洼地势，要及时进行排水降渍处理，可以采取机械排水和挖沟排水等措施，及时排除田间积水和耕层滞水。另外，在排水后及时扶正，培育植株，将表层的淤泥洗去，促使大豆尽快恢复正常生长。

（二）熏烟防霜

大豆生长后期，要随时密切关注天气的变化，当进入秋季以后，气温下降，尤其是夜间温度较低，尤其在凌晨2—3时，在气温降至作物临界点1～2℃时，可以采取人工熏烟的方法防早霜。在未成熟的大豆地块上的上风口，可以用秸秆、杂草点燃，使其慢慢地熏烧，这样地块就会形成1层烟雾，能提高地表温度1～2℃，极好的改善田间小气候，降低霜冻带来的危害。熏烟需要密切分布均匀，尽量保证整个田间有烟雾笼罩，另外用红磷等药剂在田间燃烧，也有防霜的效果。

（三）喷肥促熟

在大豆花荚期喷施叶面肥能加快大豆生长发育，促使其早熟，一般喷施的叶面肥是尿素加磷酸二氢钾，每亩可以用尿素350～700克加磷酸二氢钾150～300克。按照土壤缺素情况可增施微量元素肥，一般亩用钼酸铵25克、硼砂100克兑水喷施，可在花荚期16时后喷施2～3次。有条件的还可以喷施芸苔素内酯和矮壮素等生长调节剂，不仅能为植株提供1份营养物质，还能有效地增加植株的抗逆性和抗寒能力。另外，及时拔除杂草，增加田间的通透性，也能促进大豆早熟。

三、确定适宜的收获期

准确判断适宜的收获期，防止过早或过晚收获对大豆的产量和品质产生不利影响，实现大豆丰产增收。

（一）机械联合收获期的确定

机械化收获的最佳收获期在黄熟期后至完熟期之间，此期间大豆籽粒含水率在15%～25%，茎秆含水率45%～55%，豆叶全部脱落，豆粒归圆，摇动大豆植株会听到清脆响声。

（二）分段收获期的确定

分段收获方式的最佳收获期为黄熟期，此时叶片脱落70%～80%，籽粒开始变黄，少部分豆荚变成原色，个别仍呈现青绿色。

（三）选择适宜作业时段

收割大豆应该选择早、晚时间段收割；避开露水时段，以免收获的大豆产生“泥花脸”；避开中午高温时段，以免炸荚造成损失。

第二节　大豆的收获机械

大豆机械化收获技术是采用机械化手段收获大豆的一项先进适用技术，通常分为分段收获和直接收获2种方法。

一、分段收获机型

大豆分段收获实现早收，可有效延长收获时间，抢农时，促进大豆籽粒后熟，及时场上脱粒或拾禾脱粒能够减少损失，提高大豆收获质量。在黑龙江省，无霜期短的大豆产区，小地块、丘陵漫岗地块，仍然采用分段收获。主要的割晒机有与拖拉机悬挂的宁联4GL系列大豆割晒机、北坤4G-1.88型大豆割晒机、海轮王4-1.8型大豆割晒机（图5-1）等多种机型，手扶式自走常青割晒机等多种机型；主要的脱粒机有通河战兴5TD-230型圆筒筛清选式多功能脱粒机（图5-2）、勃农兴达5TD-280型脱粒机等。拾禾脱粒机型与配拾禾器的大豆直收联合收割机通用。

图 5-1 大豆割晒机

图 5-2 多功能脱粒机

二、直接收获机型

联合收割机直接收获大豆时，由于大豆植株较矮，结荚较低，为了减少收割损失，要求切割器能低割，留茬高度一般不超过5厘米。在整个割幅范围内切割器要能很好地适应地形，因此，一般的联合收割机割台不能满足收获大豆的低割要求。目前国内外用于大豆联合收获的装置都是采用挠性割台，为了降低购机成本，可使大豆收获和谷物收获通用1个割台。轴流滚筒脱粒装置，脱粒过程柔和，对大豆籽粒冲击小，分离效率高，能有效降低破碎率，提高了大豆收获质量。目前用于收获大豆的联合收获机有2种，一种是配挠性割台的单、双纵轴流谷物联合收获机；另一种是配挠性割台的切流与单、双纵轴流组合型谷物联合收获机。

第三节　大豆机收减损的关键技术

一、作业前机具检查调试

开始作业前要保持机具良好技术状态，预防和减少作业故障，提高工作质量和效率。应做好以下检查准备工作。

（一）机具检查

驾驶操作前要检查各操纵装置功能是否正常；离合器、制动踏板自由行程是否适当；发动机机油、冷却液是否适量；仪表盘各指示是否正常；轮胎气压是否正常；传动链、张紧轮是否松动或损伤，运动是否灵活可靠；检查和调整各传动皮带的张紧度，防止作业时皮带打滑；重要部位螺栓、螺母有无松动；有无漏水、渗漏油现象；割台、机架等部件有无变形等。机械收割保证刀片锋利，人工收割刀要磨快，减少损失。备足备好田间作业常用工具、零配件、易损件及油料等，以便出现故障时能够及时排除。

（二）试割

正式开始作业前要选择有代表性的地块进行试割。试割作业行进长度以50米左右为宜，根据作物、田块的条件确定适合的作业速度，对照作业质量标准仔细检测试割效果（损失率、破碎率、含杂率，有无漏割、堵塞、跑漏等异常情况），并以此为依据对相应部件（如拨禾轮转速、拨禾轮位置、割刀频率、脱粒滚筒转速、脱粒间隙、导流板角度、作业速度、风机转速、风门开度、筛子开度、振动筛频率等）进行调整。调整后再进行试割并检测，直至达到质量标准和农户要求为止。作物品种、田块条件有变化时要重新试割和调试机具。试割过程中，应注意观察、倾听机器工作状况，发现异常及时解决。

二、减少机收环节损失的措施

作业前要实地查看作业田块、种植品种、自然高度、植株倒伏、大豆产量等情况，调试好机具状态。作业过程中，严格执行作业质量要求，随时查看作业效果，发现损失变多等情况要及时调整机具参数，使机具保持良好状态，保证收获作业低损、高效。

（一）检查作业田块

检查去除田里木桩、石块等硬杂物，了解田块的泥脚情况，对可能造成陷车或倾翻、跌落的地方做出标识，以保证安全作业。对地块中的沟渠、田埂、通道等予以平整，并将田里水井、电杆拉线、树桩等不明显障碍进行标记。

（二）选择合适的收获方式

东北春大豆及黄淮海夏大豆产区宜选择联合收获方式，南方大豆产区根据种植模式和天气情况，合理选择联合收获方式或分段收获方式。

1. 联合收获方式

采用联合收割机直接收获大豆，首选专用大豆联合收割机，也可选用多用联合收割机或借用小麦联合收割机，但一定要更换大豆收获专用的挠性割台。大豆机械化收获时，要求割茬高度一般在4～6厘米，要以不漏荚为原则，尽量放低割台。为防止炸荚损失，要保证割刀锋利，割刀间隙需符合要求，减少割台对豆枝的冲击和拉扯；适当调节拨禾轮的转速和高度，一般早期的豆枝含水率较高，拨禾轮转速可适当提高，晚期的豆枝含水率较低，拨禾轮转速需要相对降低，并对拨禾轮的轮板加橡皮等缓冲物，以减小拨禾轮对豆荚的冲击。在大豆收割机作业前，根据豆枝含水率、喂入量、破碎率、脱净率等情况，调整机器作业参数。一般调整脱粒滚筒转速为500～700转/分，脱粒间隙30～35毫米。在收获时期，1天之内豆枝和籽粒含水量变化很大，同样应根据含水量和实际脱粒情况及时调整滚筒的转速和脱粒间隙，降低脱粒破损率。要求割茬不留底荚，不丢枝，机收作业时按照NY/T 738—2020《大豆联合收割机　作业质量》标准执行，损失率≤5%，含杂率≤3%，破碎率≤5%，茎秆切碎长度合格率≥85%，收割后的田块应无漏收现象。

2. 分段收获方式

分段收获有收割早、损失小，炸荚、豆粒破损和泥花脸少的优点。割晒放铺要求连续不断空，厚薄一致，大豆铺底与机车前进方向呈30°角，大豆铺放在垄台上，豆枝之间相互搭接，以防拾禾掉枝，做到底荚割净、不漏割、拣净，减少损失。割后5～10天，籽粒含水量在15%以下，及时拾禾脱粒。要求综合损失不超过3%，拾禾脱粒损失不超过2%，收割损失不超过1%。

（三）选择适用机型

1. 北方春大豆产区

主要采用大型大豆联合收割机或改装后的大型自走式稻麦联合收割机。

2. 黄淮海夏大豆产区

主要采用中型的轮式大豆收割机或改装后的小麦联合收割机。

3. 南方大豆产区

主要采用小型履带式大豆联合收割机或改装后的水稻联合收割机。

4. 机具调整

改装后的稻麦联合收割机用于收割大豆，应注意适合于大豆收割的关键作业部件更换和作业参数调整。

（1）大豆专用割台。更换适合于大豆收割的挠性割台，并根据收获大豆植株高度调整拨禾轮前后位置、上下位置，根据收获大豆底荚高度调整割台高度使割刀离地高度5～10厘米。

（2）脱粒分离系统。更换适合于大豆收获作业的脱粒分离系统，中小型联合收割机建议采用闭式弓齿脱粒滚筒，大型联合收割机建议采用“纹杆块+分离齿”式复合脱粒滚筒，凹板筛建议采用圆孔凹板筛，脱粒滚筒与凹板筛在结构、尺寸上应做到匹配，确保脱粒间隙在30～35毫米。

（3）清选系统。中小型联合收割机可采用常规鱼鳞筛，以调整风机转速、鱼鳞筛开度等清选作业参数为主，有条件的可改装导风板结构，增加风道数量至3个；大型联合收割机建议使用加长鱼鳞筛，有条件的可在筛面安装逐稿轮。

（4）籽粒输送系统。更换适合于大豆低破碎的输送系统，升运器建议采用勺链式升运器，复脱搅龙建议采用尼龙材质搅龙。

（四）正确开出割道

作业前必须将要收割的地块四角进行人工收割，按照机车的前进方向割出1个机位。然后，从易于机车下田的一角开始，沿着田块的右侧割出1个割幅，割到头后倒退5～8米，然后斜着割出第二个割幅，割到头后再倒退5～8米，斜着割出第三个割幅；用同样的方法开出横向方向的割道。规划较整齐的田块，可以把几块田连接起来开好割道，割出3行宽的割道后再分区收割，提高收割效率。

（五）选择行走路线

行走路线最常用的有以下2种。

1. 四边收割法

对于长和宽相近、面积较大的田块，开出割道后，收割1个割幅到割区头，升起割台，沿割道前进5～8米后，边倒车边向右转弯，使机器横过90°，当割台刚好对正割区后，停车，挂上前进挡，放下割台，再继续收割，直到将大豆收完。

2. 左旋收割法

对于长和宽相差较大、面积较小的田块，沿田块两头开出的割道，长方向割到割区头，不用倒车，继续前进，左转弯绕到割区另一边进行收割。

（六）选择作业速度

作业过程中应尽量保持发动机在额定转速下运转，机器直线行走，避免边割边转弯，压倒部分大豆造成漏割，增加损失。地头作业转弯时，不要松油门，也不可速度过快，防止清选筛面上的大豆甩向一侧造成清选损失，保证收获质量。若田间杂草太多，应考虑放慢收割机前进速度，减少喂入量，防止出现堵塞和大豆含杂率过高等情况。

（七）收割潮湿大豆

在季节性抢收时，如遇到潮湿大豆较多的情况，应经常检查凹板筛、清选筛是否堵塞，注意及时清理。有露水时，要等到露水消退后再进行作业。

（八）收割倒伏大豆

收获倒伏大豆时，可通过安装“扶倒器”和“防倒伏弹齿”装置，尽量减少倒伏大豆收获损失，收割倒伏大豆时应先放慢作业速度，原则上倒伏角小于45°时顺向作业；倒伏角45°～60°时逆向作业；在倒伏角大于60°时，要尽量降低收割速度。

（九）规范作业操作

作业时应根据大豆品种、高度、产量、成熟程度及秸秆含水率等情况来选择作业挡位，用作业速度、割茬高度及割幅宽度来调整喂入量，使机器在额定负荷下工作，尽量降低夹带损失，避免发生堵塞故障。收割采用“对行尽量满幅”原则，作业时不要“贪宽”，收割机的分禾器位置应位于行与行之间，避免收割机的行走造成大豆的抛撒损失。采用履带式收割机作业的时候，要针对不同湿度的田块对履带张紧度进行调整，泥泞地块适当调紧一些，干燥地块适当调松，以提高机具通过能力，减少履带磨损。要经常检查凹板筛和清选筛的筛面，防止被泥土或潮湿物堵死造成粮食损失，如有堵塞要及时清理。

（十）在线监测

有条件的可以在收割机上装配损失率、含杂率、破碎率在线监测装置，驾驶员根据在线监测装置提示的相关指标、曲线，适时调整行走速度、喂入量、留茬高度等作业状态参数，以保持低损失率、低含杂率、低破碎率的良好作业状态。

【拓展阅读】

吉林省全力抓好粮食机收减损工作

眼下，正是东北粮食作物的收获季节，吉林大地呈现出一派丰收景象。

粮食机收减损工作是当前各级农机部门的重点工作内容之一。如何变“丰收在田”为“粮食在手”？近日，吉林省农业农村厅印发《吉林省2023年主粮作物机收减损工作方案》，在全省范围内开展主粮作物机收减损“大宣传、大培训、大比武”系列活动，加强农机与农艺技术措施推广，提升粮食作物机械化收获质量，力争玉米果穗机收总损失率≤3.5%，玉米籽粒机收总损失率≤4%，水稻机收总损失率≤2.8%，大豆机收总损失率≤5%，确保颗粒归仓。

围绕“提高机收质量，降低粮食损失”为主题开展“大宣传”，通过网站、短视频、明白纸、微信群等传播渠道，宣传贯彻农业农村部印发的玉米、水稻、大豆机械化收获减损技术指导意见，动员农机手签订机收减损倡议书，让规范操作成为广大机手的自觉行为。

利用基层农技推广和高素质农民培育项目开展“大培训”，通过现场会、培训班、田间演示等多种形式，宣传贯彻农业农村部发布的《粮食作物机械化收获减损技术指导意见》，组织开展专业农机手培训活动，有针对性地强化机手的机械化收获操作技能和职业素养，提高联合收割机收获作业质量。

按照“自愿报名、就地就近、自备机具、自定地块”的原则开展机收减损大比武活动，引导农机手在生产实践中以赛促训、以赛提技，按标准规范作业，营造广大农机手“比学赶超”、全社会关注支持收获减损的浓厚氛围。同时，还将在水稻、玉米种植面积在50万亩以上、大豆种植面积在10万亩以上的县份开展机收损失监测调查。

据了解，2023年秋收期间，吉林省农业农村部门将组织专家和农机推广骨干提早下沉到生产一线，跟踪指导农机手因地制宜选择收获时机、专用配件和作业模式，及时帮助解决生产实际中遇到的问题。科学合理调度机具确保适时收获，充分发挥农机合作社等农业社会化服务组织的示范带动作用，尽可能减少机收损失。

第六章

大豆玉米带状复合种植技术

第一节　大豆玉米带状复合种植的收获方式

大豆玉米收获是保证大豆玉米丰产丰收的重要环节。收获的质量关系到大豆玉米产量损失和大豆玉米的外观品质与化学品质。在大豆玉米带状复合种植中，大豆玉米成熟顺序的不同，其所对应的机械化收获方式也不一样，有玉米先收、大豆先收和大豆玉米分步同时收获3种方式。

一、玉米先收

玉米先收适用于玉米先于大豆成熟的区域，主要分布在西南套作区及华北间作区。该模式通过窄型2行玉米联合收获机或高地隙跨行玉米联合收获机先将玉米收获，然后等到大豆成熟后再采用生产常用的大豆机收获大豆。

采用玉米先收技术必须满足以下要求。

（1）玉米先于大豆成熟。

（2）除了严格按照大豆玉米带状复合种植技术要求种植外，应在地块的周边种植玉米。收获时，先收周边玉米，利于机具转行收获，缩短机具空载作业时间。

（3）玉米收获机种类很多，尺寸大小不一。

二、大豆先收

大豆先收适用于大豆先于玉米成熟，主要分布在黄淮海、西北等地的间作区。该模式通过窄型大豆联合收获机先将大豆收获，然后等玉米成熟后再采用生产常用的玉米机收获玉米。

采用先收大豆技术必须满足以下要求。

（1）大豆先于玉米成熟。

（2）除了严格按照大豆玉米带状复合种植技术要求种植外，应在地块的周边种植大豆。收获时，先收周边大豆，利于机具转行收获，缩短机具空载作业时间。

三、大豆玉米分步同时收获

大豆玉米分步同时收获适用于大豆玉米成熟期一致，主要分布在西北、黄淮海等地的间作区。同时收模式有2种形式：一是采用当地生产上常用的玉米和大豆机型，一前一后同时收获玉米和大豆；二是对青贮玉米和青贮大豆采用青贮收获机同时对大豆玉米收获粉碎供青贮用。

要实现玉米和大豆分步同时收获，必须选择生育期相近、成熟期一致的玉米和大豆品种。收获青贮要选用耐阴不倒、底荚高度大于15厘米、植株较高的大豆品种，以免漏收近地大豆荚。若采用大豆玉米混合青贮，需选用割幅宽度在1.8米及其以上的既能收获高秆作物又能收获矮秆作物的青贮收获机。

第二节　大豆玉米带状复合种植的收获机具

一、玉米先收的机具

（一）机具型号

玉米带位于2带大豆带之间，因此，先收玉米模式选用的玉米收获机的整机宽度不能大于大豆带间距离，2行玉米时一般只能选用整机总宽度小于1.6米的窄型2行玉米果穗收获机。如图6-1和图6-2所示为适用于大豆玉米带状复合种植模式玉米机收作业的代表机型。

图 6-1　山东国丰机械有限公司 4YZP-2 玉米收割机

图 6-2　山西仁达机电设备有限公司 4YZX-2C 自走式玉米收获机

（二）主要部件的功能与调整

玉米果穗的一般收获流程为玉米植株首先在拨禾装置的作用下滑向摘穗口，茎秆喂入装置将玉米植株输送至摘穗装置进行摘穗，割台将果穗摘下并输送至升运器，果穗经升运器输送至剥皮装置，果穗剥皮后进入果穗箱，玉米秸秆粉碎后还田（或切碎回收）。玉米果穗收获机主要作业装置包括割台、输送装置、剥皮装置、果穗箱以及秸秆粉碎装置等。

1. 割台的结构与调整

玉米联合收获机的割台主要功能是摘穗和粉碎秸秆，并将果穗运往剥皮或脱粒装置。割台的结构由分禾装置、茎秆喂入装置、摘穗装置、果穗输送装置等组成。

割台的使用与调整：①根据玉米结穗的不同高度，将割台做相应的高度调整，以摘穗辊中段略低于结穗高度为最佳，通过操纵割台液压升降控制手柄即可改变割台的高低；②摘穗板间隙通常要比玉米秸秆直径大3～5毫米。通常通过移动左、右摘穗板来实现摘穗板间隙的调整；首先将其固定螺栓松开，然后左、右对称移动摘穗板到所需间隙，最后紧固螺栓即可；③割台的喂入链松紧度通过调整链轮张紧架来实现。

2. 果穗升运器的功能与调整

果穗升运器主要采用刮板式结构，它的作用是将割台摘下的带苞叶的玉米果穗输送到剥皮装置或者脱粒装置。升运器的链条在使用过程中应定期检查、润滑和调整，链条松紧要适当，过紧或过松都会影响升运器的工作效率。升运器链条松紧是通过调整升运器主动轴两端的调整螺栓实现的，首先拧松锁紧螺母，然后转动调节螺母，左右2链条的张紧度应一致，正常的张紧度为用手在中部提起链条时离底板高度约60毫米。

3. 果穗剥皮装置的功能与调整

玉米联合收获机的剥皮装置主要功能是将玉米果穗的苞叶剥下，并将苞叶、茎叶混合物等杂物排出。一般是由剥皮机架、剥皮辊、压送器、筛子等组成。其中，剥皮辊组是玉米剥皮装置中最主要的工作部件，对提高玉米果穗剥皮质量和生产效率具有决定性的作用。

剥皮机构的调整：①星轮和剥皮辊间隙调整，星轮压送器与剥皮辊的上下间隙可根据果穗的直径大小进行调整，调整完毕后，须重新张紧星轮的传动链条；②剥皮辊间距的调整，剥皮辊间距关系着剥皮效率和对玉米籽粒的损伤程度，所以根据不同玉米果穗的直径可适当调整剥皮辊间隙，调整时通过调整剥皮辊外侧1组调整螺栓，改变弹簧压缩量，实现剥皮辊之间距离的调整；③动力输入链轮、链条的调整。调节张紧轮的位置，改变链条传动的张紧程度。

（三）先收玉米的操作技术

先收玉米作业时，首先收获田间地头两端的玉米，再收大豆带间玉米。收获大豆带间玉米时需注意玉米收获机与两侧大豆的距离，防止收获机压到两边的大豆。若大豆有倒伏，可安装拨禾装置拨开倒伏大豆。完成玉米收割等大豆成熟后，选用生产中常用大豆收获机收割剩下的大豆，操作技术与单作大豆相同。

收获玉米过程中机手应注意的事项：①机器启动前，应将变速杆及动力输出挂挡手柄置于空挡位置；收获机的起步、结合动力挡、运转、倒车时要鸣喇叭，观察收获机前后是否有人；②收获机工作过程中，随时观察果穗升运过程中的流畅性，防止发生堵塞、卡住等故障；注意果穗箱的装载情况，避免果穗箱装满后溢出或者造成果穗输送装置的堵塞和故障；③调整割台与行距一致，在行进中注意保持直线匀速作业，避免碾压大豆；④玉米收获机的工作质量应达到籽粒损失率≤2%、果穗损失率≤5%、籽粒破碎率≤1%以及苞叶剥净率≥85%。

二、大豆先收的机具

（一）机具型号

大豆带位于2带玉米带之间，大豆先收模式选用的大豆收获机的整机宽度不能大于玉米带间距离。不同区域的玉米带间距离为1.6～2.6米，因此，只能选用整机总宽度小于当地采用的玉米带间距离的大豆收获机，割茬高度低于5厘米，作业速度应在3～6千米/时范围内，图6-3和图6-4所示为适用于大豆玉米带状复合种植模式大豆机收作业的代表机型。

图 6-3　刚毅 GY4D-2 大豆联合收获机

图 6-4　沃得旋龙 4LZ-4.0HA 联合收获机

（二）主要部件及功能

刚毅GY4D-2大豆联合收获机主要由切割装置、拨禾装置、中间输送装置、脱粒装置、清选装置、行走装置、秸秆粉碎装置等组成。主要功能是将田间大豆整株收割，然后脱粒清选，最后将秸秆粉碎后回收做饲料或直接还田。

1. 割台的功能与调整

大豆联合收获机中割台总成是由拨禾轮、切割装置、搅龙等工作部件及其传动机构组成，主要用以完成大豆的切割、脱粒和输送，是大豆联合收获机的关键部分。

（1）割台。根据大豆收获机械的不同特点，割台有卧式和立式2种，主要由拨禾轮、分禾器、切割装置、割台体、搅龙和拨指机构等组成。

（2）拨禾轮。其作用是将待割的大豆茎秆拨向切割装置中，防止被切割的大豆茎秆堆积于切割装置中，造成堵塞。通常采用偏心拨禾轮，主要由带弹齿的拨禾杆、拉筋、偏心辐盘等组成。

拨禾轮的安装位置是影响大豆作业的重要因素之一。当安装高度过高时，弹齿不与作物接触，造成掉粒损失；安装高度过低，会将已割作物抛向前方，造成损失。一般情况下为使弹齿把割下作物很好地拨到割台上，弹齿应作用在大豆茎秆重心稍上方（从顶荚算起重心约在割下作物的1/3处），若拨禾轮位置不正确可通过移动拨禾轮在割台支撑杆上的位置实现调节。收割倒伏严重的大豆时，弹齿可后倾15°～30°以增强扶倒能力。

（3）切割装置。也称切割器，是大豆联合收获机的主要工作部件之一，其功用是将大豆茎秆分成小束，并对其进行切割。切割器有回转式和往复式2类，大豆联合收获机常用的是往复式切割器。

切割器的调整对收割大豆质量有很大影响。为了保证切割器的切割性能，当割刀处于往复运动的2个极限位置时，动刀片与护刃器尖中心线应重合，误差不超过5毫米；动刀片与压刃器之间间隙不超过0.5毫米，可用手锤敲打压刃器或在压刃器和护刃器梁之间加减垫片来调整；动刀片底面与护刃器底面之间的切割间隙不超过0.8毫米，调好后用手拉动割刀时，割刀移动灵活，无卡滞现象为宜。

（4）搅龙的调整。割台搅龙是1个螺旋推运器，它的作用是将割下来的作物输送到中间输送装置入口处。为保证大豆植株能顺利喂入输送装置，割台搅龙与割台底板距离应保持在10～15毫米为宜，调节割台搅龙间隙可通过割台侧面的双螺母调节杆进行调节；同时要求拨禾杆与底板间隙调整至6～10毫米，若拨禾杆与底板间隙过小，则大豆植株容易堵塞，间隙过大则喂不进去，拨禾杆与底板间隙可通过割台右侧的拨片进行调整。

2. 中间输送装置的功能与调整

大豆联合收获机的中间输送装置是将割台总成中的大豆均匀连续地送入脱粒装置。

收获大豆用中间输送装置一般选用链耙式，链耙由固定在套筒滚子链上的多个耙杆组成，耙杆为“L”形或“U”形，其工作边缘做成波状齿形，以增加抓取大豆的能力；链耙由主动轴上的链轮带动，被动辊是1个自由旋转的圆筒，靠链条与圆筒表面的摩擦转动，上面焊有筒套来限制链条，防止链条跑偏。

在调整输送间隙时，可打开喂入室上盖和中间板的孔盖，通过垂直吊杆螺栓调节，被动轮下面的输送板与倾斜喂入室床板之间的间隙应保持在15～20毫米为宜。在调节输送带紧度时，输送带的紧度应保持恰当，使被动轮在工作中有一定的缓冲和浮动量，其紧度可通过调节输送装置张紧弹簧的预紧度来调整。

3. 脱粒装置的功能与调整

脱粒装置是大豆联合收获机的核心部分，一般由滚筒和凹板组成，其功用主要是把大豆从茎秆上脱下来，尽可能多地将大豆从脱出物中分离出来。

（1）脱粒滚筒。按脱粒元件的结构形式的不同，滚筒在大豆联合收获机中主要有钉齿式、纹杆式与组合式3种。一般套作大豆收获选用钉齿式脱粒滚筒，钉齿式脱粒元件对大豆抓取能力强，机械冲击力大，生产效率高。

（2）凹板。大豆联合收获机中常用的大豆脱粒用凹板有编织筛式、冲孔式与栅格筛式3种。凹板分离率主要取决于凹板弧长及凹板的有效分离面积，当脱粒速度增加时凹板分离率也相应提高。

（3）脱粒速度（滚筒转速）。钉齿滚筒的脱粒速度就是滚筒钉齿齿端的圆周速度，脱粒滚筒转速一般不低于650转/分时，才允许均匀连续喂入大豆茎秆。喂入时要严防大豆茎秆中混进石头、工具、螺栓等坚硬物，以免损坏脱粒结构和造成人身事故。

（4）脱粒间隙。安装滚筒时，需要注意滚筒钉齿顶部与凹板之间的间隙（脱粒间隙），大豆收获机中通常都是采用上下移动凹板的方法改变滚筒脱粒间隙。通常钉齿式大豆脱粒装置的脱粒间隙为3～5毫米。

4. 清选装置的功能与调整

清选装置的作用是将脱粒后的大豆与茎秆等混合物进行清选分离。主要采用振动筛—气流组合式清选装置，该装置主要由抖动板、风机、振动上筛、振动下筛等组成，工作原理是根据脱粒后混合物中各成分的空气动力学特性和物料特性差异，借助气流产生的力与清选筛往复运动的相互作用来完成大豆籽粒和茎秆等杂物的分离清选。

5. 行走装置的功能与调整

行走装置一方面是直接与地面接触并保证收获机的行驶功能，另一方面还要支撑主体重量。由于作业空间不大、田间路面复杂，要求收获机有较高的承载性能、牵引性能，常采用履带式底盘。

使用履带式收获机之前，应该检查两侧履带张紧是否一致，若太松或太紧可通过张紧支架调整，最后还需检查导向轮轴承是否损坏，若损坏需要及时更换。

（三）大豆先收的操作技术

收获玉米带间大豆时，应保持收获机与两侧玉米有一定的距离，防止收获机碾压两边的玉米。收获大豆作业时，收获机的割台离地间隙较低，大豆植株都可喂入割台内。完成大豆收割后，用当地常用的玉米收获机收获剩下的玉米。具体注意事项如下。

（1）作业前应平稳结合作业装置离合器，油门由小到大，到稳定额定转速时，方可开始收获作业，在机具进行收获作业过程中需要注意发动机的运转情况是否正常等。

（2）大豆收获机在进入地头和过沟坎时，要抬高割台并采用低速前行方式进入地头。当机具通过高田埂时，应降低割台高度并采用低速的方式通过。

（3）为方便机具田间调头等，需要先将地头两侧的大豆收净，避免碾压大豆；收获作业时控制好割台高度，将割茬降至4～6厘米即可；在收获作业过程中保证机具直线行驶。

（4）大豆植株若出现横向倒伏时，可适当降低拨禾轮高度，但决不允许通过机具左右偏移的方式来收获作业；若出现纵向倒伏时，可将拨禾轮的板齿调整至向后倾斜12°～25°的位置，使得拨禾轮升高向前。

（5）正常作业时，发动机转速应在2 200转/分以上，不能让发动机在低转速下作业。收获作业速度通常选用Ⅱ挡即可；若大豆植株稀疏时，可采用Ⅲ挡作业；若大豆植株较密、植物茎秆较粗时，可采用Ⅰ挡作业。尽量选择上午进行收获作业，以避免大豆炸荚损失。

（6）收获一定距离后，为保证豆粒清洁度，机手可停车观察收获的大豆清洁度或尾筛排出的茎秆杂物中是否夹带豆粒来判断风机风量是否合适。收获潮湿大豆时，风量应适当调大；收获干燥的大豆时，风量应调小。

三、大豆玉米分步同时收获的机具

（一）机具型号

大豆玉米分步同时收获，通常采用立式双转盘式割台的青贮收获机，喂入的同时又对籽粒和秸秆进行切碎和破碎。图6-5和图6-6所示为常用青贮饲料收获机。

图 6-5　顶呱呱 4QZ-2100 青贮饲料收获机

图 6-6　美诺 9265 自走式青贮饲料收获机

（二）主要部件和功能

割台自走式青贮饲料收获机工作的关键部件，主要由推禾器、割台滚筒、锯齿圆盘割刀、分禾器、护刀齿、滚筒轴、清草刀等组成。

自走式青贮饲料收获机割台工作时，作物由分禾器引导，由锯齿双圆盘切割器底部的锯齿圆盘割刀将青贮作物沿割茬高度切断，刈割后的作物在割台滚筒转动的作用下向后推送，经喂入辊将作物送入破碎和切碎装置，玉米果穗和茎秆首先通过滚筒挤压破碎后送入切碎装置中经过动、定刀片的相对转动将作物切碎，并由抛送装置抛送至料仓。

锯齿圆盘割刀的主要功能是将生长在田里的秸秆类作物割

倒，并尽量保证实现较低割茬高度。一般情况下，切割器需保证切割速度获得可靠的切削，不产生漏割或尽量减少重割，锯齿圆盘割刀选择为旋转式切割方式作业，其由圆盘刀片座、圆盘刀片组成。

（三）主要工作装置的使用与调整

圆盘割刀和喂入辊作为青贮收获机的主要工作部件，其工作性能的好坏将直接影响青贮收获机的作业性能和作业质量。因此，在使用中应经常查看割刀的磨损及损坏情况，保持切刀的锋利和完好。

当喂入刀盘被作物阻塞时，应检查内部喂入盘的刮板，可将塑料刮板改为铁质刮板，同时检查喂入盘内部与刮板的距离，此距离应为2毫米。当喂入辊前方被作物阻塞时，应检查喂入辊弹簧的情况，可通过调节螺母来改变拉压弹簧的拉压情况，也可通过加装铁质零部件来提高作物喂入角，改善喂入效果。

（四）青贮收获机的操作

收获前，对青贮联合收获机进行必要的检查与调整；其次要准备好运输车辆，只有青贮收获机和运输车辆在田间配合作业才能提高青贮收获机的作业效率。

收获过程中，驾驶员要观察作业周围的环境，及时清除障碍物，如果遇到无法清除的障碍物，如电线杆，要缓慢绕行。在机械作业过程中如果发现金属探测装置发出警报，要立即停车，清除障碍物后方可启动继续作业。

收获时，收获机通常是一边收割一边通过物料输送管将切碎的青贮物料吹送到运料车上，从而完成整个收获工作。因此，收获过程中，青贮收获机需要与运料车并行，并随时观察车距，控制好物料输送管的方向。

待运料车装满后需要将收获机暂停作业，再换运料车。工作过程中，一是田内不能有闲杂人员进入；二是发现异常要立即停机检查；三是运料车上不允许站人。

第三节 大豆玉米带状复合种植机收减损的关键技术

一、机具调整改造

（一）调整改造实现大豆收获

目前，市场上专用大豆收获机较少，可选用与工作幅宽和外廓尺寸相匹配的履带式谷物联合收割机进行调整改造。调整改造方式参照《大豆玉米带状复合种植配套机具调整改造指引》（农机科〔2022〕28号）。

（二）调整改造实现玉米收获

目前，常用的玉米收获机行距一般为60厘米左右，适用于大豆玉米带状复合种植40厘米小行距的玉米收获机机型较少。玉米收获作业时，行距偏差较大会增大落穗损失率或降低作业效率，可将割台换装或改装为适宜行距割台，也可换装不对行割台。对于植株分杈较多的大豆品种，收获玉米时，应在玉米收获机割台两侧加装分离装置，分离玉米植株与两侧大豆植株，避免碾压大豆植株。

（三）加装辅助驾驶系统

如果播种时采用了北斗导航或辅助驾驶系统，收获时，先收作物对应收获机也应加装北斗导航或辅助驾驶系统，提高驾驶直线度，使机具沿行间精准完成作业，减少对两侧作物碾压和夹带，同时减少人工操作误差并降低劳动强度。如果播种时未采用北斗导航或辅助驾驶系统，收获时根据作物播种作业质量确定是否加装北斗导航或辅助驾驶系统，如播种作业质量好可加装，否则没有加装的必要。

二、减损收获作业

（一）科学规划作业路线

对于大豆、玉米分期收获地块，如果地头种植了先熟作物，应先收地头先熟作物，方便机具转弯调头，实现往复转行收获，减少空载行驶；如果地头未种植先熟作物，作业时转弯调头应尽量借用田间道路或已收获完的周边地块。

对于大豆、玉米同期收获地块，应先收地头作物，方便机具转弯调头，实现往复转行收获，减少空载行驶；然后再分别选用大豆收获机和玉米收获机依次作业。

（二）提前开展调整试收

作业前，应依据产品使用说明书对机具进行一次全面检查与保养，确保机具技术状态良好；应根据作物种植密度、模式及田块地表状态等作业条件对收获机作业参数进行调整，并进行试收，试收作业距离以30～50米为宜。试收后，应检查先收作业是否存在碾压、夹带两侧作物现象，有无漏割、堵塞、跑漏等异常情况，对照作业质量标准检测损失率、破碎率、含杂率等。如作业效果欠佳，应再次对收获机进行适当调整和试收检验，直至作业质量优于标准，并达到满意的作业效果。

（三）合理确定作业速度

作业速度应根据种植模式、收获机匹配程度确定，禁止为追求作业效率而降低作业质量。如选用常规大型收获机减幅作业，应注意通过作业速度实时控制喂入量，使机器在额定负荷下工作，避免作业喂入量过小降低机具性能。大豆收获时，如大豆带田间杂草太多，应降低作业速度，减少喂入量，防止出现堵塞或含杂率过高等情况。

对于大豆先收方式，大豆收获作业速度应低于传统净作，一般控制在3～6千米/时，可选用Ⅱ挡，发动机转速保持在额定转速，不能低转速下作业。若播种和收获环节均采用北斗导航或辅助驾驶系统，收获作业速度可提高至4～8千米/时。玉米收获时，两侧大豆已收获完，可按正常作业速度行驶。

对于玉米先收方式，受两侧大豆植株以及玉米种植密度高的影响，玉米收获作业速度应低于传统净作，一般控制在3～5千米/时。如采用行距大于55厘米的玉米收获机，或种植行距宽窄不一、地形起伏不定、早晚及雨后作物湿度大时，应降低作业速度，避免损失率增大。大豆收获时，两侧玉米已收获完，可按正常作业速度行驶。

（四）强化驾驶操作规范

大豆收获时，应以不漏收豆荚为原则，控制好大豆收获机割台高度，尽量放低割台，将割茬降至4～8厘米，避免漏收低节位豆荚。作业时，应将大豆带保持在幅宽中间位置，并直线行驶，避免漏收大豆或碾压、夹带玉米植株。应及时停车观察粮仓中大豆清洁度和尾筛排出茎秆夹带损失率，并适时调整风机风量。

玉米收获时，应严格对行收获，保证割道与玉米带平行，且收获机轮胎（履带）要在大豆带和玉米带间空隙的中间，避免碾压两侧大豆。作业时，应将割台降落到合适位置，使摘穗板或摘穗辊前部位于玉米结穗位下部30～50厘米处，并注意观察摘穗机构、剥皮机构等是否有堵塞情况。玉米先收时，应确保玉米秸秆不抛撒在大豆带，提高大豆收获机通过性和作业清洁度。

（五）妥善解决倒伏情况

复合种植倒伏地块收获时，应根据作物成熟期以及倒伏方向，规划好收获顺序和作业路线；收获机调整改造和作业注意事项可参照传统净作方式，此外为避免收获时倒伏带来的混杂，可加装分禾装置。

先收大豆时，可提前将倒伏在大豆带的玉米植株扶正或者移出大豆带，方便大豆收获作业，避免碾压玉米果穗造成损失，或混收玉米增大含杂率。

先收玉米时，如大豆和玉米倒伏方向一致，应选用调整改造后的玉米收获机对行逆收作业或对行侧收作业；如果大豆和玉米倒伏方向没有规律，可提前将倒伏在玉米带的大豆植株扶正或者移出玉米带，方便玉米收获作业，避免玉米收获机碾压倒伏大豆。

分步同时收获时，如大豆和玉米倒伏方向一致，一般先收倒伏玉米，玉米收获后，倒伏在大豆带内的玉米植株减少，将剩余倒伏在大豆带的玉米植株扶正或者移出大豆带后，再开展大豆收获作业；如果大豆和玉米倒伏方向没有规律，可提前将倒伏在玉米带的大豆植株扶正或者移出玉米带，先收大豆再收玉米。

【拓展阅读】

安徽省已收获秋粮近4 347万亩

秋高气爽，处处丰收景象。当前全省各地抓住有利天气，加快秋收进度。据安徽省农业农村厅统计，截至2022年10月12日，全省已收获秋粮近4 347万亩，进度达67%；秋种陆续展开，油菜播种超350万亩，进度达五成。小麦播种已经启动。

在萧县，120余万亩秋粮迎来大面积开镰收割。截至2022年10月13日，全县已收玉米面积63.1万亩、大豆4.26万亩，整体收获已过半。2022年夏，萧县克服干旱少雨和高温热害等不利因素，落实抗旱抢种、灌溉保粮等举措，努力夺取秋粮丰收。经测产初步预计全县玉米平均单产超495千克，比去年增产13%以上；大豆平均单产超167千克，比去年增加近4%。在滁州市南谯区，金灿灿的稻谷陆续颗粒归仓，截至2022年10月13日，已收获水稻26万亩，进度超七成。在宿州市埇桥区，省农机化技术推广总站等单位共同举办全省秋粮机收减损大比武活动，示范推广机收减损技术，组织专家讲解大豆玉米带状复合种植机械化与农机智能化技术。

秋收的同时，秋种迅速启动。据了解，当前全省土壤墒情普遍较好，可以满足小麦、油菜播种需要。但长期来看旱情发展仍有较大不确定性，各地农业农村部门牢固树立抗长旱、抗大旱思想，稳步推进秋收秋种和抗旱保苗，确保按时、保量、保质完成稳小麦、扩油菜任务。目前省农业农村厅已派出16个工作组，持续开展一线督导服务，确保旱茬麦区2022年10月20日前、稻茬麦区2022年11月10日前完成小麦播种任务；油菜确保2022年10月底前全部完成播种任务。

为充分调动农民稳粮扩油积极性，各地加大政策统筹和支持力度。抓好优质专用粮指挥田、精耕细作示范点等示范项目建设，推广落实精耕细作措施。组织农业专家、科技特派员和广大农技人员进村入户，开展现场技术服务和分类指导，创新推广“大托管”服务，开展技术宣传，落实墒情、苗情监测调度。

第七章

马铃薯机械化收获减损技术

第一节 马铃薯的收获期

确定马铃薯具体的收获期，应根据不同的目的而定，其依据如下。

一、依栽培目的而定

食用薯块和加工薯块以达到成熟期收获为宜，马铃薯在生理成熟期时收获产量最高。马铃薯生理成熟的标志：一是叶色变黄转枯；二是块茎脐部易与匍匐茎脱离；三是块茎表皮韧性大，皮层厚，色泽正常。种用薯块应适当早收，一般可提前5~7天收获，以利于提高种用价值，减少病毒侵染。收获时间一般是平原地区在5月下旬至6月中旬，半高山地区在6月下旬至7月上旬；高山地区在7月中下旬。我国北方春种的马铃薯，多在7月份雨季来临前收获，否则，收获过晚容易造成烂秧。夏、秋播种的多在9月中旬收获。市场行情好时，因轮作需要安排下茬作物时，也可早收。有时为了把大块茎提早上市，采取“偷”薯的办法，即先把每株上的大块茎摘收，而后加肥、培土、浇水。只要不损伤植株根系，仍可正常生长，剩下的小块茎仍有较高的产量。

二、依气候而定

平川区下霜迟，无霜期长，可等茎叶完全枯黄成熟时收获。丘陵山区下霜早，无霜期短，为防止薯块受冻，可在枯霜来临前收获。秋末霜后，虽未成熟，但霜后叶枯茎干，不得不收。有些地方地势低洼，为避免涝灾，必须提早收获。

三、依品种而定

早熟、中熟品种依成熟收获。晚熟品种常常不等茎叶枯黄成熟即遇早霜，所以在不影响后作和不受冻的情况下，适当延迟收获。

总之，应考虑多种因素和各种情况，根据需要确定收获期。但收获时要选择晴天，避免雨天收获，收获前1周要停止浇水，以减少含水量，促进薯皮老化，以利于马铃薯及早进入休眠，要避免拖泥带水，否则既不便收获、运输，又容易因薯皮擦伤导致病菌侵入，发生腐烂而影响储藏效果。

第二节 马铃薯的收获机械

马铃薯联合收割机能一次完成挖掘、分离土块和茎叶及装箱或装车作业。马铃薯联合收割机工作效率高，可大幅度缩短收获期，防止早期霜冻的危害，减少收获损失，减轻劳动强度。按分离工作部件结构的不同，主要分为升运链式、摆动筛式和转筒式3种，其中升运链式马铃薯联合收割机使用较多。

一、基本结构

主要工作部件有挖掘部件、分离输送机构和清洗机构、输送装车部件等。

（1）挖掘部件主要由挖掘铲、镇压限深轮和圆盘刀等部件组成。

（2）输送分离部件主要将薯块与土块、茎叶分离。

（3）清洗机构主要将茎叶和杂草排出机器，清除薯块中夹杂的杂物和石块。

（4）输送装车部件主要由3节折叠机构、输送链和液压控制系统组成，完成输送装车任务。

二、工作过程

各种马铃薯联合收割机的工作过程大致相同，机器工作时。靠仿形限深轮控制挖掘铲的入土深度，被挖掘铲挖掘起的块根和土壤送至输送分离部件进行分离，在强制抖动机构作用下，来强化破碎土块及分离性能。当土块和薯块在土块压碎辊上通过时，土块被压碎，薯块上黏附的泥土被清除。此外，它还对薯块和茎叶的分离有一定的作用。薯块和泥土经摆动筛进一步被分离，送到后部输送器。马铃薯茎叶和杂草由夹持带式输送器排出机器。薯块则从杆条缝隙落入马铃薯分选台，在这里薯块中夹杂的杂物和石块被进一步清除。然后薯块被送至马铃薯升运器装入薯箱，完成输送装车任务。

三、使用及调整方法

（1）下地前，调节好仿形限深轮的高度，使挖掘铲的挖掘深度在20厘米左右。在挖掘时，仿形限深轮应走在要收的马铃薯秧的外侧，确保挖掘铲能把马铃薯挖起，不能有挖偏现象，否则会有较多的马铃薯损失。

（2）起步时将马铃薯收获机提升至挖掘刀尖离地面5～8厘米结合动力，空转1～2分钟，无异常响声的情况下，挂上工作挡位，逐步放松离合器踏板，同时操作调节手柄逐步入土，随之加大油门直到正常耕作。

（3）检查马铃薯收获机工作后的地块马铃薯收净率，查看有无破碎以及严重破皮现象，如马铃薯破皮严重，应降低收获行进速度，调深挖掘深度。

（4）作业时，机器上禁止站人或坐人，否则可能缠入机器，造成严重的人身伤亡事故。机具运转时，禁止接近旋转部件，否则可能导致身体缠绕，造成人身伤害事故。检修机器时，必须切断动力，以防造成人身伤害。

（5）在行走时，行走速度可在慢2挡，后输出速度在慢速，在坚实度较大的土地上作业时应选用最低的耕作速度。作业时，要随时检查作业质量，根据作物生长情况和作业质量随时调整行走速度与升运链的提升速度，以确保最佳的收获质量和作业效率。

（6）在作业中，如突然听到异常响声应立即停机检查，通常是收获机遇到大石块、树墩、电线杆等障碍物的时候，这种情况会对收获机造成大的损坏，作业前应先问明情况再工作。

（7）停机时，踏下拖拉机离合器踏板，操作动力输出手柄，切断动力输出即可。

四、维护和保养

（1）检查拧紧各连接螺栓、螺母，检查放油螺塞是否松动。

（2）彻底清除马铃薯收获机上的油泥、土及灰尘。

（3）放出齿轮油进行拆卸检查，特别注意检查各轴承的磨损情况，安装前零件需清洁，安装后加注新齿轮油。

（4）拆洗轴、轴承，更换油封，安装时注足黄油。

（5）拆下传动链条检查，磨损严重和有裂痕者必须更换。

（6）检查传动链条是否裂开，六角孔是否损坏，有裂开应修复。

（7）马铃薯收获机不工作长期停放时，应垫高马铃薯收获机使旋耕刀离地，旋耕刀上应涂机油防锈，外露齿轮也需涂油防锈。非工作表面剥落的油漆应按原色补齐以防锈蚀。马铃薯收获机应停放在室内或加盖于室外。

五、常见故障及排除方法

马铃薯收获机常见故障及排除方法如表7-1所示。

表7-1　马铃薯收获机常见故障及排除方法

故障现象	原因	排除方法
收获机前兜土马铃薯伤皮严重	机器挖掘铲过深	调节中拉杆
	挖掘深度不够	调节拉杆，使挖掘深度增加
	工作速度过快，拖拉机动力输出转速过大	低速
	薯土分离输送装置震动过大	转速必须是540转/分拆除振动装置的传动链条
空转时响声很大	有磕碰的地方	详细检查各运动部位后处理
齿轮箱有杂音	有异物落入箱内，圆锥齿轮侧隙过大，轴承损坏齿轮牙断裂	取出异物，调整齿轮侧隙，更换轴承更换齿轮
薯土分离传送带不运转	过载保护器弹簧变松，传送带有杂物卡阻	调整

第三节　马铃薯机收减损的关键技术

一、马铃薯机械化收获要求

马铃薯挖掘深度一般要求15～20厘米；挖幅有50～60厘

米、70～80厘米、100～150厘米不等，视地形、种植情况和机具确定；作业速度3～4千米/时。挖净率≥96%，明薯率≥95%，伤薯率≤5%。

二、马铃薯机械化收获环节

马铃薯收获机械（图7-1）是由轮式拖拉机配套，一次进地可完成挖掘、分离升运和铺放作业，由于机械收获马铃薯工作效率高，可大幅度地缩短收获期，防止早期霜冻的危害，减少收获损失，还可以减轻劳动强度，受到广大薯农的喜爱。马铃薯机械化收获分为杀（割）秧和挖掘2部分。

图7-1　马铃薯收获机械

（一）杀（割）秧

马铃薯在收获前1周左右时间，用马铃薯茎叶杀秧机对马铃薯进行茎叶切碎，切碎后的茎叶直接还田。杀秧的目的是促使马铃薯的嫩皮老化变硬，以减少挖掘时对表皮的损坏；减少挖掘作业时薯秧和杂草进入到振动筛上，造成拖堆堵塞，从而保证收获作业的顺利进行。

马铃薯茎叶杀秧机与拖拉机的连接是通过拖拉机动力输出轴与马铃薯茎叶杀秧机上的万向传动轴相连接，拖拉机动力输出轴传出的动力通过万向传动轴驱动杀秧刀旋转，将薯秧打碎，打碎的薯秧被均匀的抛洒在田间。马铃薯杀秧机与拖拉机连接时，按照3点悬挂方式挂接在拖拉机上。作业前要调整好杀秧刀与地面的距离，距离不能过大或过小，距离过大，薯秧如果不能全部打碎，机械挖掘时残留的薯秧就会进入挖掘振动筛上，影响薯块的分离；距离过小，结在土壤上部的马铃薯就容易碰伤。调整的方法是调整地轮的高度，地轮的高度降低，杀秧刀离地面的距离就小；地轮的高度升高，杀秧刀离地面的距离就大。马铃薯茎叶杀秧机，作业时拖拉机车轮应走在垄沟。作业中速度不能过快，要以中等速度匀速行进，拖拉机要顺垄沟直线行走，不能压坏垄台，以免损伤马铃薯和给挖掘造成影响。

（二）马铃薯机械化挖掘

对于丘陵山区地貌，马铃薯收获机多采用小型机具，挖掘幅宽90～120厘米居多。在对马铃薯茎叶杀秧作业后1周左右开始挖掘作业。

马铃薯挖掘机由机架、挖掘机构、分离机构、变速箱、动力传动机构和行走装置等部分组成。机架主要用于联结各类工作部件；挖掘结构主要由铲式挖掘刀和支撑架等组成，在机器行进过程中靠拖拉机牵引完成切土、挖掘作业；分离机构采用振动筛式分离机构，作业过程中当马铃薯进入到筛体上时，由于筛体的上下和前后的振动，将马铃薯与土壤、残余薯秧、杂草等分离开来，并将薯块成条状抛撒在地面上。

马铃薯机械化挖掘过程是拖拉机通过后悬挂架与马铃薯挖掘机挂接，拖拉机动力输出建议使用540转/分。

马铃薯挖掘机作业要注意安全，要将机具调整到正常工作状态，拖拉机启动时要向在场人员发出警示信号，不准非工作人员靠近机具。机具作业时，需要1人开拖拉机，1人在后面跟踪观察机具各部位的运转情况及作业状态，如发现螺栓等松动应及时停车紧固，如有杂物堵塞及壅土现象出现，应立刻停车排除。

挖掘机的作业质量是机械收获的关键，应随时检查调整。根据作业情况随时调整挖掘深度，挖掘铲入土过浅，容易损伤薯块，也起不干净；挖掘铲入土过深，不但增加拖拉机的工作负荷，也使马铃薯与泥土难以分离清楚，容易形成二次掩埋在土里。调整左右两侧托轮的高度，可以改变挖掘深度；改变挖掘铲两端固定螺钉的位置，可以改变挖掘铲的入土角度，使之获得更好的收获效果。收获中应随时防止拖拉机跑偏，避免车轮走上垄台，碾压薯块，或起半垄的情况发生。

作业到地头后，应对振动筛进行清理，将振动筛上杂物和挖掘铲上的泥土清理干净。清理机具时应将机具停放在地面，不允许挖掘机在悬起的状态下清理机具和排除故障。马铃薯收获后应根据天气情况晾晒20～30分钟，按马铃薯的大小，由人工分拣，装入不同的袋子中，并及时从田间运走，防止夜间冻伤。

三、马铃薯机收环节减损的措施

（一）调整收获机械

正式作业前，应调整好仿形限深轮的位置，保证挖掘铲与仿形限深轮在合理的相对位置上，通常要求挖掘深度在20厘米左右为宜。同时检查各部位机械结构是否可靠固定并合理润滑，确认无误可启动拖拉机，并将挖掘铲尖升起离开耕地表面，空转几分钟检查收获机有无异响，确认无误方可进地作业。作业时，速度不能过快，要以中等速度匀速行进，拖拉机要顺垄沟直线行走，不能压坏垄台，以免损伤马铃薯和给挖掘造成影响。应缓慢放开离合器踏板，保证起步的平稳性，同时控制挖掘铲逐渐下降达到工作深度，然后加大油门至正常行进速度。挖掘马铃薯时，应使仿形限深轮位于马铃薯秧的外侧，保证挖掘的可靠性，并避免马铃薯损失。

（二）检查挖掘机的作业质量

随时查看耕地中马铃薯的收净率，检查是否存在马铃薯破碎或表皮损伤严重的问题。若发现马铃薯损失较为严重，应停车检查机械结构是否出现故障或调整不当，重点查看挖掘深度是否适宜，若机械结构无故障，则应适当降低行进和收获速度。

（三）关注马铃薯收获机的工作状态

驾驶员应密切关注马铃薯收获机的工作状态，发现存在异常的振动、噪声应及时停车检查，避免较大的石块、杂草缠绕对收获机造成的损坏。同时还应注意驾驶的安全性，严禁收获作业过程中违规载人，保证运转的机械远离无关人员，避免生产安全事故的发生。

【拓展阅读】

抓牢机收减损工作——会泽农机扛起粮食安全责任

云南省曲靖市会泽县常年粮食作物播种面积163万亩，机收减损1个百分点就相当于增加粮食4 710吨，机收减损意义重大，会泽县农机部门对机收减损工作常抓不懈。

“减损就是增产，降耗就是增收，在耕地资源有限的大背景下，降低机收损耗对于实现粮食丰收、端牢中国饭碗，意义重大。今天通过省、市、县专家对燕麦机收作业质量现场检测，损失率、破碎率、含杂率、留茬高度和作业污染情况，5项指标均在农业农村部发布的指标控制范围内，作业质量合格，机收效果较好”，这是2022年6月会泽县农技人员接受记者现场采访时说的。如何落实国家保障粮食安全战略，会泽县农业相关部门在稳面积、提单产、保供给的总体思路下，下大力气推广农业机械化，针对机械化薄弱环节，在机收时节加大培训和技术指导，力求把机收损失降到最低。

在会泽县驾车乡等马铃薯主产区，当地农业相关部门重点从机播质量、中耕培土和机收3个环节加强技术指导，指导机手选用先进适用机具规范化作业，在秸秆处理薄弱环节推广使用马铃薯杀秧机，极大地提高了机收效率，降低了薯块损失。县农业农村局制定了《会泽县马铃薯机收减损工作方案》指导机械收获作业。通过检测：挖净率为99.84%，明薯率为99.84%，伤薯率为0.157%，损失率为0.166%，结合现场测产3 503.82千克/亩的平均产量，综合损失率仅为0.64%，平均机收损失22.54千克/亩，机收效果较好。

在会泽水稻主产区的娜姑镇，经农技人员对联合收割机现场收获效果实测，损失率为0.68%，含杂率为0.23%，破碎率和污染情况均未检出，茎秆切碎合格率达标，几项指标都在农业农村部发布控制范围。

秋收季节，会泽经常遇到阴雨连绵天气，玉米、稻谷收到家里晾晒难的情况突出。当地农业相关部门抓住农机购置补贴机遇，3年来，引导农户购置谷物果蔬干燥机909台（套）、保鲜储藏库57台（套）、玉米剥皮机和脱粒机820台（套），较好地解决了困扰群众在粮食收获后处理难和初加工难的问题。另外，在农业抢种抢收和抗灾减灾方面，依托农机社会化服务组织，成立了2个农机应急作业服务队，确保在关键时刻有机可用、有人可用，为农业防灾减灾、确保粮食安全提供机械化支撑。

第八章

甘薯机械化收获减损技术

第一节　甘薯的收获期

一、收获适期

甘薯块根在适宜的温度条件下，能持续膨大。因此，收获越晚产量越高。没有明显的成熟标准和收获期，但收获的早晚，对甘薯的产量、留种、储藏、加工利用和轮作换茬都有影响。收获过早，会显著降低甘薯的产量；收获过晚，甘薯常受低温冷害的影响，耐储性大大降低，切干率下降。因此，甘薯应选晴好的天气适时收获。

甘薯的收获适期，应根据气候条件、安全储藏时间和下茬作物的安排等确定。一般地温在18℃左右，甘薯重量增加很少；地温在15℃左右，甘薯停止膨大；地温长时间在9℃以下，就会发生冷害。因此，一般在地温18℃时就开始收刨甘薯，在霜降前收刨完毕。据多年考察，9月下旬至10月上旬每亩每天增重50千克，晚收10～20天，可增重500～1 000千克，后延收获期是增加甘薯单产的有效措施。可采用机械锄薯晚收获既增加了甘薯产量又不受冻害。

二、甘薯收获期的判断

甘薯收获期的判断，一般来说有2种方式。

（一）看温度

甘薯生长的适宜温度为25～32℃，外界温度低于15℃，甘薯就会停止生长，而较长时期处于10℃以下时，茎叶会自然枯萎，若经霜冻便会很快死亡，所以外界温度平均降到15℃时，需要及时收获甘薯。

（二）看茎叶

甘薯即将成熟时，其茎叶也就失去了转运养分的能力及光合作用，所以茎叶开始发黄，贴近地面开始出现落叶，若大田2/3出现这种情况，说明甘薯可以收获了。

为了获得甘薯最佳的收获状态，一般需要在甘薯收获前，对其茎叶进行提前割除，这样收获的时候，既能方便快速的收获甘薯，又能减少对甘薯的创伤，从而利于甘薯窖藏，最佳的割除甘薯藤蔓的时间为收获甘薯的前1天，若是当地温度过低，可以提前割除藤蔓，减少甘薯养分的倒流，最大限度地提高甘薯的产量。

第二节　甘薯的收获机械

收获是甘薯生产中用工量和劳动强度最大的环节，其用工量占生产全过程42%左右，主要包括割蔓、挖掘、捡拾、清选、收集等环节。甘薯的收获机械分为分段收获机械和联合收获机械。

一、分段收获机械

目前，甘薯收获主要以分段收获方式为主，即先进行去蔓作业，再挖掘收获，随后人工捡拾。

（一）甘薯去蔓机

甘薯秧蔓生长茂盛，匍匐缠绕严重，量大且不易清除。生长后期垄形塌陷，垄沟起伏不定，割蔓的高度难以控制，垄沟藤蔓不易清理干净，易造成机具震动大、伤割刀和伤薯，影响后续挖掘收获作业的顺畅性。甘薯去蔓机械多是在马铃薯杀秧机和秸秆粉碎还田机的基础上改装而来的。甘薯去蔓机一般由悬挂机构、罩壳总成、仿形刀辊总成、齿轮箱总成、传动机构、张紧组件、仿形限深轮组件等组成。机具作业前，根据地块实际垄高、垄宽调整仿形限深轮的高度和宽度，垄顶秧蔓留茬长度不宜超过50毫米。作业时，拖拉机牵引机具沿甘薯垄作方向前进，由拖拉机后动力驱动仿形切蔓刀辊逆向旋转，刀辊上的切蔓刀在距地面一定高度（不伤及薯块为原则）将秧蔓切断并送入机架壳体粉碎室，在切蔓刀、仿垄座、罩壳的共同作用下，将秧蔓粉碎、抛撒地面；安装在机架左右两侧的挑秧刀随着机具的前行将垄沟中秧蔓挑起一定高度，被附近高速旋转的外侧粉碎长刀切断，达到切断垄沟长蔓的目的，完成作业过程。为了使甘薯去蔓机的作业性能达到最佳，获得秧蔓粉碎合格率高、留茬高度小、伤薯率低，田间作业时应根据种植模式不同特点，同时结合甘薯秧蔓的生长情况，顶刀到垄顶的间隙50毫米为宜。

（二）甘薯收获机

甘薯收获机多采用升运链式中小型挖掘机，根据作业幅宽可分为单行收获机和2行收获机。其特点是工作稳定可靠、明薯率高、损失率低、生产效率较高，同时作业效果好。甘薯收获机主要由机架及牵引和地轮装置、镇压轮装置、切土装置、挖掘装置、压草轮装置、土薯分离输送装置、传动系统等部件组成。机架及牵引和地轮装置其地轮与机架安装位置可以调整，以改变土薯分离装置工作角度；镇压轮装置可用于对行作业和调整挖掘深度；切土装置用于切开土壤及薯秧杂草，以防壅土和缠草；挖掘装置可绕固定轴旋转，以改变挖掘深度；压草轮装置可及时反向排出通过挖掘铲的茎叶及杂草；土薯分离输送装置用于物料的分离和输送。作业时，由拖拉机动力输出轴提供动力，动力经传动轴总成、变速箱总成传递到土薯分离输送装置驱动轮和抖动轮上，甘薯在土薯分离装置上受摩擦力作用进行去土作业，由于抖动轮的作用，土垡被进一步的疏松、破碎，去土后的甘薯随分离装置输送到集拢装置，继而掉落在地面上。

针对国内甘薯收获机械自动化水平低、挖掘阻力大、易堵塞、土薯分离效果差、生产效率低等突出问题，应充分考虑甘薯自身生理性状，根据甘薯体型大、皮薄、结薯深和甘薯秧蔓匍匐缠绕严重等特点选用收获机械，挖掘机构的挖掘深度调整结构和防堵设计可有效保证土壤顺畅流动，减轻秧茎或杂草搭缠，从而降低作业阻力；土薯分离装置主动型抖动装置、柔性材料的选用和速度配比优化设计，可以提高明薯率和降低破皮率，保证更有效的土薯分离效果；采用自动对行装置和自动挖深调控装置，可进一步提高甘薯作物收获机械自动化水平和作业性能。

二、联合收获机械

甘薯联合收获是指采用1种或几种装备完成秧蔓处理、限深挖掘、输送分离、清选分级、集薯装箱（或装车）等作业，可分为两段式联合收获和一次性联合收获2种形式。两段式联合收获是指用单独的去蔓设备割除藤蔓，再采用挖掘联合收获机挖掘收获甘薯；一次性联合收获是指采用1种设备一次性完成从割蔓到收获所有环节的收获形式。甘薯联合收获机按动力来源的不同分为自走式和牵引式2种类型；按清选方式的不同分为带人工清选台和带自动清选装置2种类型；按集薯方式的不同分为自带集薯箱式和带配套运输车式2种类型。

甘薯联合式收获主要适用于适合条件下大面积种植薯类的收获作业。以平原、山区、丘陵等地形为主的地区，甘薯种植主要属中小地块分散种植，适合中小型收获机械。联合式甘薯收获机只在少数地区使用，还未推广。

国外甘薯收获机械现状表明，甘薯收获机械朝着大型自走式、机电和液压一体化、联合作业、较高稳定性和实现互换性的方向发展。联合甘薯收获机具有生产效率高、收获质量高、劳动强度低、作业成本以及相对购置费用低等特点。国外薯类收获机械现状为我国的薯类收获机械化事业指明了方向。

第三节　甘薯机收减损的关键技术

一、甘薯机械化收获环节

甘薯机械化收获，主要包括杀秧和挖掘分离2部分，由2种机器分别完成。

（一）杀秧

甘薯杀秧机在整个收获流程中起到了至关重要的作用。它作业时，甩刀能够覆盖整个厢面及排水沟，确保甘薯秧被均匀且彻底地打碎。这一步骤不仅为后续的甘薯挖掘采收做好了准备，同时也有效避免了甘薯秧对挖掘过程可能造成的干扰。此外，甘薯杀秧机还具有伤薯率低、秧蔓打碎均匀等特点，能够在最大程度上保护甘薯的完整性，同时提高杀秧的效率。

（二）挖掘

甘薯挖掘式收获机是完成最终收获任务的关键。它一次作业就能收获1行甘薯，不仅效率高，而且作业质量也非常出色。在挖掘过程中，该机器能够再次切碎秧蔓及杂草，确保甘薯的清洁度。同时，其深挖低阻的挖掘方式，能够最大程度地减少对甘薯的损伤。高频振动、梳刷碎土及薯土分离作业，使得甘薯与土壤能够迅速且彻底地分离，从而提高了收获的效率和质量。该机器还具有伤薯率低、明薯率高、薯土分离效果佳等特点，使得整个收获过程更加顺畅、高效。

二、甘薯机收环节减损的措施

（一）安全操作规则

（1）收获作业中在地头转弯时必须通过拖拉机3点悬挂机构将机器升离地面，否则可能损坏机器牵引部件。

（2）收获机作业时禁止倒退，否则可能损坏机器部件。

（3）收获机工作前要仔细检查，保证机器上没有工具和其他异物，否则会损坏输送链和传动系统。

（4）收获机工作时严禁拆卸护罩和触及运转部件，否则会造成人身伤害。

（二）作业前的基本检查与保养

（1）作业前，检查所有连接部位的螺栓是否松动，如松动则必须拧紧；检查机器的润滑，注足润滑脂和润滑油。

（2）作业前，应按说明书要求核对动力输出轴转速，一般为540转/分；在田间地头，动力输出轴应停止运转；启动动力输出轴时，其速度应由慢到快。

（3）作业前，分别用小、中、大油门试运转15分钟，检查机器是否运转平稳，各部件有无异响；螺栓等紧固件是否松动；安全保护装置是否安装到位。

（4）对于双行甘薯收获机，应调整其镇压轮和切土圆盘刀安装位置，保证2组镇压轮的中心距与甘薯的种植行距相同。

（三）作业中主要部件的使用和调整

（1）挖掘深度取决于镇压轮的深度调整，挖掘的适宜深度是在保证挖净率前提下，尽可能少的挖掘土壤。同时可以调整机器后方行走地轮的丝杠，改变挖掘铲的入土角度和挖掘深度。挖掘铲应与分离筛在同一平面上，两者之间的间隙不应超过15毫米。

（2）切土圆盘刀的工作深度应设置在挖掘铲下10毫米左右，圆盘刀与输送分离筛之间的距离应该在15～30毫米，圆盘刀之间的距离应调整到行距要求。作用在分离筛上的压草轮可通过螺栓调整压紧力。

（3）调整地轮与机架的位置可以改变输送分离装置工作角度，合理调整输送分离装置线速度和抖动轮抖动强度，可提高明薯率，减少伤薯率。

【拓展阅读】

成功研制出低破损多功能鲜食型甘薯联合收获机

我国甘薯种植面积全球第一，常年种植约5 000万亩，在我国粮食生产中居第五位，总产量约8 000万吨。随着甘薯的营养和保健价值逐渐被公众认可，我国鲜食型甘薯消费比例逐年提高，现已超过全国种植面积的30%，但市场上用于鲜食型甘薯生产的作业质量优、集成度高的联合收获装备却是空白。

近年，市场上研发的一些薯类联合收获设备大多适用于淀粉用甘薯或加工用甘薯的收获，收获表皮破损严重、损伤多和含杂率高等问题还较为突出，不能直接用于鲜食甘薯收获。

为了解决国内鲜食型甘薯高效联合收获技术及装备短缺、收获辅助用工多、破损多、含杂高等难题，在国家现代农业甘薯产业技术体系、中国农业科学院创新工程、国家重点研发计划等项目支持下，南京农业机械化研究所与合作企业禹城亚泰机械制造有限公司联合攻关，以前期研发的薯类收获共性关键技术为基础，以优质、高效、低损、多功用为主控目标，重点研究攻克全液压可调轨距底盘、低功耗挖掘、适量薯土共存柔性低损输送、薯土分离、多通道选别集薯、智能化自适应调控等关键技术，成功创制出自走式鲜食型多功能甘薯联合收获机。该装备可一次性完成鲜食型甘薯的挖掘、输送、分离、清杂、装送筐、集薯（筐或袋）等收获作业，该机配套动力80马力，挖掘深度可达30厘米，挖掘幅宽100厘米。

2022年2—3月该机在海南省开展了鲜食型甘薯田间收获试验示范和性能考核，受到当地种植大户和相关部门的高度赞评。试验结果表明，该装备作业顺畅可靠，损伤率、损失率、漏收率、含杂率等作业指标良好。该装备可针对不同地块工况条件，根据土杂分离效果，采用选薯或拣杂等不同方式满足鲜食型甘薯收获低含杂、低损伤的需求，严格保障薯块外观商品性。该机通过调整主要作业部件与组配参数，亦可用于收获菜用型马铃薯。

自走式鲜食型多功能甘薯联合收获机研发成功，将缓解鲜食型甘薯生产急需，具有良好的产业化前景，下一步将继续完善产品的结构和工艺设计，尽快形成批量生产，为稳定薯类产业发展和国家粮食安全提供有效装备支撑。

第九章

拖拉机的使用与维修

第一节　拖拉机的组成

按照结构不同，拖拉机可分为手扶拖拉机、轮式拖拉机和履带式拖拉机等。不管哪种结构的拖拉机，其都主要由发动机、底盘和电气设备3部分组成，图9-1所示为轮式拖拉机的结构简图。

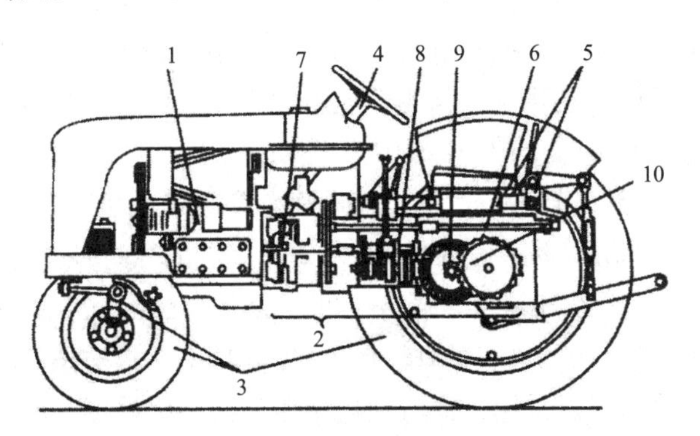

1—发动机；2—传动系统；3—行走系统；4—转向系统；5—液压悬挂系统；6—动力输出轴；7—离合器；8—变速箱；9—中央传动；10—最终传动。

图 9-1　轮式拖拉机纵剖面

一、发动机

发动机是整个拖拉机的动力装置，也是拖拉机的心脏，为拖拉机提供动力。拖拉机上多采用热力发动机，它由机体、曲柄连杆机构、配气机构、燃料供给系统、润滑系统、冷却系统和启动装置等组成。

1.发动机的类型

（1）按燃料分为汽油发动机、柴油发动机和燃气发动机等。

（2）按冲程分为二冲程发动机和四冲程发动机。曲轴转1圈（360°），活塞在气缸内往复运动2个冲程，完成1个工作循环的称为二冲程发动机；曲轴转2圈（720°），活塞在气缸内往复运动4个冲程，完成一个工作循环的称为四冲程发动机。1个冲程是指活塞从一个止点移动到另一个止点的距离。

（3）按冷却方式分为水冷发动机和风冷发动机。利用冷却水（液）作为介质在气缸体和气缸盖中进行循环冷却的称为水冷发动机；利用空气作为介质流动于气缸体和气缸盖外表面散热片之间进行冷却的称为风冷发动机。

（4）按气缸数分为单缸发动机和多缸发动机。只有1个气缸的称为单缸发动机；有2个和2个以上气缸的称为多缸发动机。

（5）按进气是否增压分为非增压（自然吸气）式和增压（强制进气）式。进气增压可大大提高功率，故被柴油机尤其是大功率型广泛采用；而汽油机增压后易产生爆燃，所以应用不多。

（6）按气缸排列方式分为单列式和双列式。单列式一般是垂直布置气缸，也称直列式；双列式是把气缸分成2列，2列之间的夹角一般为90°，称为“V”形发动机，如图9-2。拖拉机的发动机一般采用直列、增压、水冷、四冲程柴油发动机。

（a）单列式

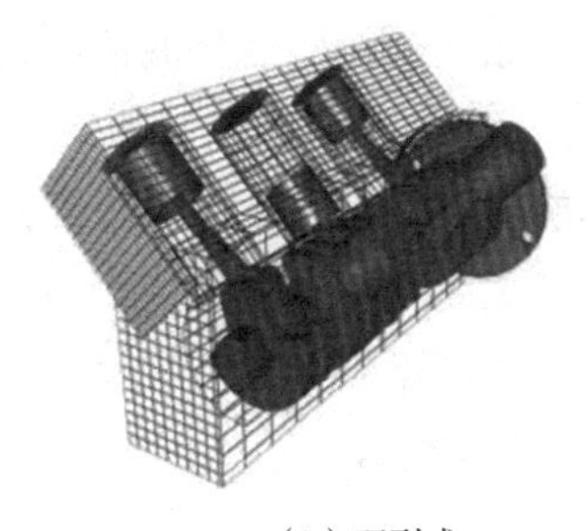
（b）双列式

图 9-2　发动机排列方式

2. 发动机的工作过程

以四冲程柴油发动机为例，发动机的工作分为进气、压缩、做功、排气4个冲程（图9-3）。

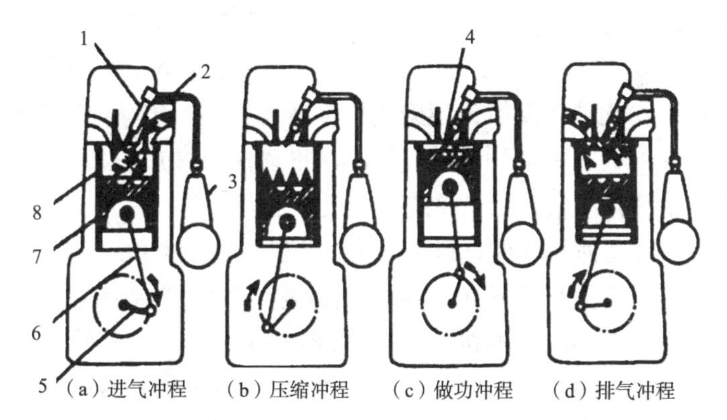

（a）进气冲程　（b）压缩冲程　（c）做功冲程　（d）排气冲程

1—喷油器；2—高压柴油管；3—柴油泵；4—燃烧室；

5—曲轴；6—连杆；7—活塞；8—气缸。

图 9-3　柴油机工作过程

（1）进气冲程如图9-3（a）所示，曲轴靠飞轮惯性力旋转，带动活塞由上止点向下止点运动，这时进气门打开，排气门关闭，新鲜空气经滤清器被吸入气缸内。

（2）压缩冲程如图9-3（b）所示，曲轴靠飞轮惯性力继续旋转，带动活塞由下止点向上止点运动，这时进气门与排气门都关闭，气缸内形成密封的空间，气缸内的空气被压缩，压力和温度不断升高，在活塞到达上止点前，喷油器将高压柴油喷入燃烧室。

（3）做功冲程如图9-3（c）所示，进排气门仍关闭，气缸内温度达到柴油自燃温度，柴油便开始燃烧，并放出热量，使气缸内的气体急剧膨胀，推动活塞从上止点向下止点移动做功，并通过连杆带动曲轴旋转，向外输出动力。

（4）排气冲程如图9-3（d）所示，在飞轮惯性力作用下，曲轴旋转带动活塞从下止点向上止点运动，这时进气门关闭，排气门打开，燃烧后的废气从排气门排出机外。

完成排气冲程后，曲轴继续旋转，又开始下一循环的进气冲程，如此周而复始，使柴油机不断地转动产生动力。在4个冲程中，只有做功冲程是气体膨胀推动活塞做功，其余3个冲程都是消耗能量，靠飞轮的转动惯性来完成的。因此，做功行程中曲轴转速比其他行程快，使柴油机运转不平稳。

由于单缸机转速不均匀，且提高功率较难，因此，可采用多缸。在多缸柴油机上，通过1根多曲柄的曲轴向外输出动力，曲轴转2圈，每个气缸要做1次功。为保证曲轴转速均匀，各缸做功冲程应均匀分布于1个工作循环内，因此，多缸机各气缸是按照一定顺序工作的，其工作顺序与气缸排列和各曲柄的相互位置有关，另外，还需要配气机构和供油系统的配合。

二、底盘

底盘是拖拉机的骨架或支撑，是拖拉机上除发动机和电气设备以外的所有装置的总称。它主要由传动系统、行走系统、转向系统、制动系统、液压悬挂装置、牵引装置、动力输出装置等组成。

1. 传动系统

传动系统位于发动机与驱动轮之间，其作用是将发动机的动力传给拖拉机的驱动轮和动力输出装置，拖动拖拉机前进、倒退、停车、并提供动力的输出。

（1）轮式拖拉机的传动系统一般包括离合器、变速箱、中央传动、差速器和最终传动，如图9-4所示。

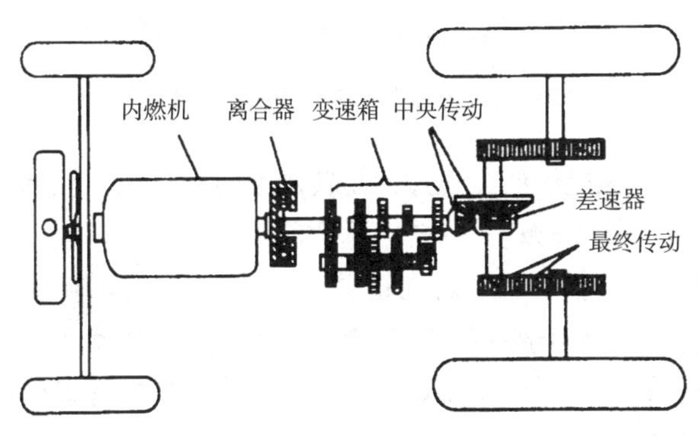

图 9-4　轮式拖拉机的传动系统

（2）履带式拖拉机的传动系统一般包括离合器、变速箱、联轴节、中央传动、左右转向离合器和最终传动。

（3）手扶拖拉机的传动系统一般包括离合器、变速箱、联轴节、中央传动、左右转向机构和最终传动。

2. 转向系统

拖拉机的转向系统的作用是控制和改变拖拉机的行驶方向。

轮式拖拉机的转向系统由转向操纵机构、转向器操纵机构、转向传动机构和差速器组成，图9-5为转向操纵机构示意图。

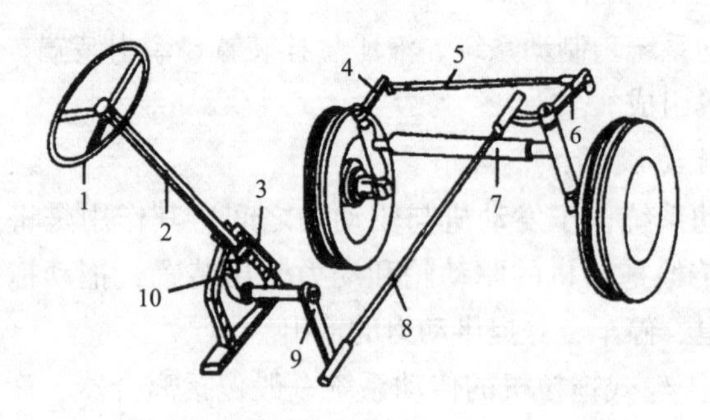

1—方向盘；2—转向轴；3—蜗杆；4—转向摇臂；5—横拉杆；
6—转向杠杆；7—前轴；8—纵拉杆；9—转向垂臂；10—蜗轮。

图 9–5 轮式拖拉机的转向操纵机构

转向操纵机构的工作过程是转动方向盘，转向轴带动转向器的蜗杆与蜗轮转动，使转向垂臂前后摆动，推拉纵拉杆，带动转向杠杆、横位杆、转向摇臂，使2前轮同时偏转。转向杠杆、横拉杆、转向摇臂和前轴形成1个梯形，这就是常说的转向梯形。转向器广泛采用球面蜗杆滚轮式、螺杆螺母循环球式和蜗杆蜗轮式。

3. 行走系统

其作用是支撑拖拉机的重量，并使拖拉机平稳行驶。

轮式拖拉机行走系统一般由前轴、前轮和后轮组成。其中，能传递动力用于驱动车轮行走的，称为驱动轮；能偏转而用于引导拖拉机转向的，称为导向轮。仅有2个驱动轮的称为两轮驱动式拖拉机，前后4个车轮都能驱动的，称为四轮驱动式拖拉机。

拖拉机的前轮在安装时有以下特点：转向节立轴略向内和向后倾斜；前轮上端略向外倾斜、前端略向内收拢。这些统称为前轮定位，其目的是保证拖拉机能稳定地直线行驶和操纵轻便，同时可减少前轮轮胎和轴承的磨损。

前轮定位的内容有以下4项。

（1）转向节立轴内倾。内倾的目的是使前轮得到1个自动回正的能力，从而提高拖拉机直线行驶的稳定性。一般内倾角为3°～9°，如图9-6所示。

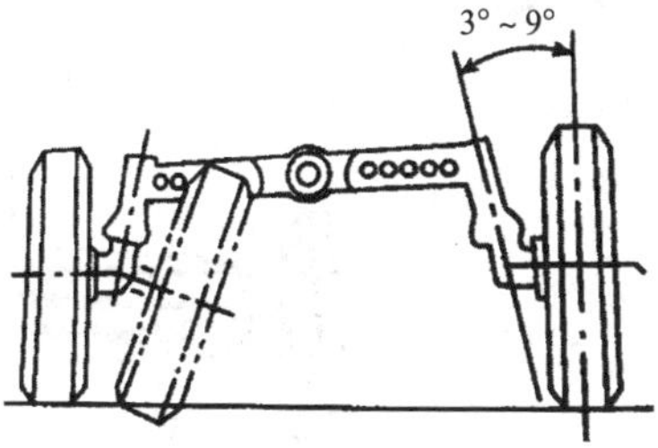

图 9-6　转向节立轴内倾角

（2）转向节立轴后倾。转向节立轴除了内倾外，还向后倾斜0°～5°，称为后倾。如图9-7所示。转向节立轴后倾的目的是使前轮具有自动回正的能力。

（3）前轮外倾。拖拉机的前轮上端略向外倾斜2°～4°，称为前轮外倾，如图9-8所示。

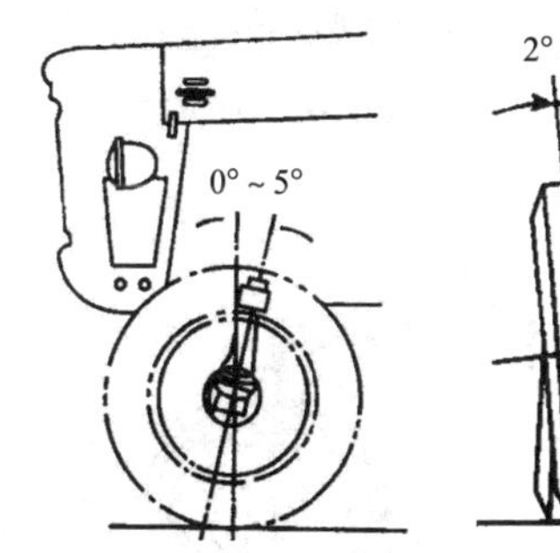

图 9-7　转向节立轴后倾

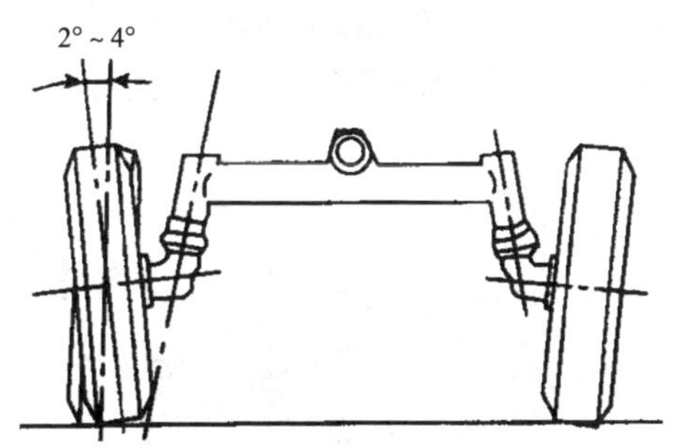

图 9-8　前轮外倾

前轮外倾有2个作用：一是可使转向操作轻便；二是可防止前轮松脱。但是外倾后会造成前轮轮胎的单边磨损，因此，要定期换边、换位使用，以防磨损过度，导致轮胎提前报废。

（4）前轮前束。2个前轮的前端，在水平面内向里收拢一段距离，称为前轮前束，如图9-9所示，前端的尺寸小于后端的尺寸。

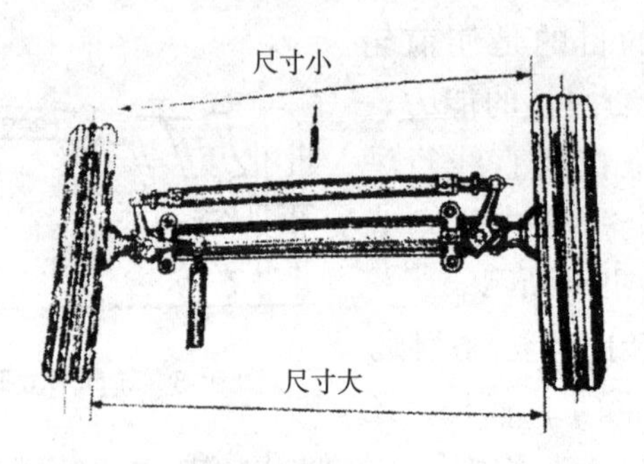

图 9-9　前轮前束

4. 制动系统

拖拉机的制动系统由操作机构和制动器2部分组成，制动器俗称刹车。制动器操纵机构的形式有机械式、液压式和气动式，制动器的形式有蹄式、带式和盘式，如图9-10所示。

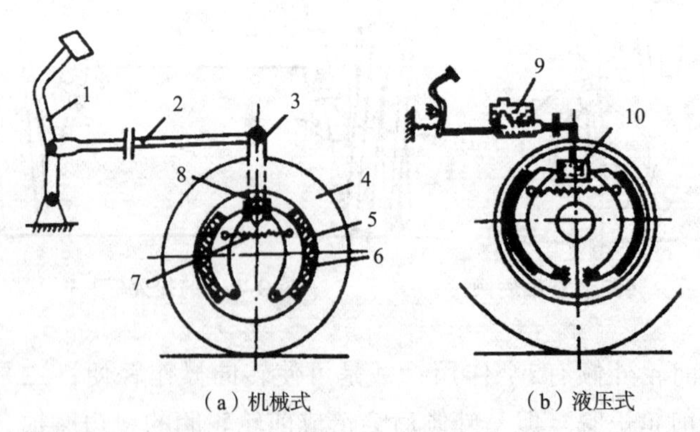

1—制动踏板；2—拉杆；3—制动臂；4—车轮；5—制动鼓；6—制动蹄；7—回位弹簧；8—制动凸轮；9—制动总泵；10—制动分泵。

图 9-10　制动系统组成

制动系统的作用是用来降低拖拉机的行驶速度或迅速制动，并可使拖拉机在斜坡上停车，若单边制动左侧（或右侧），可协助拖拉机向左（或右）转向。机械式操纵机构由踏板、拉杆等机械杆件组成，完全由人力来操纵，左、右制动器分别由2个踏板操纵，分开使用时，可单侧制动，以协助转向。当2个踏板连锁成一体时，可使左右轮同时制动。运输作业时2个制动踏板一定要连成一体。

液压式操纵机构有的由液压油泵供给动力，属动力式液压刹车；有的是靠人力,用脚踩踏板给油泵供油,属人力液压刹车。

蹄式制动器的制动部件类似马蹄形，故称为蹄式。制动蹄的外表面上铆有摩擦片，称为制动蹄片，每个制动器内有2片。制动鼓与车轮轮圈制成一体或装在半轴上。当踩下制动踏板时，通过传动杆件制动臂，带动制动凸轮转动，将2个制动蹄片向外撑开，紧紧压在制动鼓的内表面上，产生摩擦力矩使制动鼓停止转动，即半轴停止转动。不制动时，放松制动踏板，靠回位弹簧使制动蹄片回位，保持与制动鼓之间有一定的间隙。

5.液压悬挂装置

拖拉机液压悬挂装置用于连接悬挂式或半悬挂式农具，进行农机具的提升、下降及作业深度的控制。

（1）拖拉机液压悬挂装置的组成。如图9-11，拖拉机液压悬挂装置是由液压系统和悬挂机构2部分组成。液压系统主要由油泵、分配器、油缸、辅助装置（液压油箱、油管、滤清器等）和操纵机构组成。悬挂机构主要由提升臂、上拉杆、提升杆及下拉杆组成。

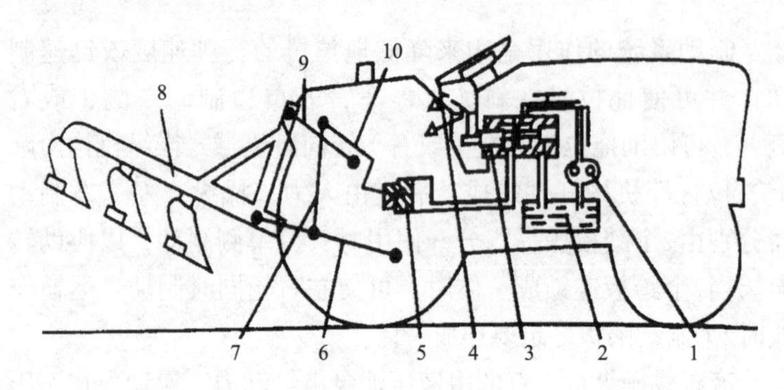

1—油泵；2—油箱；3—分配器；4—操纵手柄；5—油缸；6—下拉杆；
7—提升杆；8—农具；9—上拉杆；10—提升臂。

图 9-11　拖拉机液压悬挂装置

（2）拖拉机液压悬挂装置的功能。一般拖拉机的液压悬挂装置设有位调节和力调节2个控制手柄，可根据农具耕作条件选择使用。在地面平坦、土壤阻力变化较小的情况下，需通过自动调节深浅，使牵引力较稳定，以保持拖拉机的稳定负荷，并使耕作的农具不致因阻力过大而损坏，此时应使用力调节。

应注意的事项。①在使用力调节时，必须先将位调节手柄放在“提升”位置并锁紧，再操纵力调节手柄。②在使用位调节时，必须先将力调节手柄放在“提升”位置并锁紧。再操纵位调节手柄。③悬挂农具在运输状态时，应将内提升手臂锁住，使农具不能下落。④当不需要使用液压装置时，应将2个手柄全部锁定在“下降”位置，不能将力调节、位调节手柄都放在“提升”位置。⑤严禁在提升的农具下面进行调整、清洗或其他作业，以免农具沉降造成人身事故。

6. 牵引装置

拖拉机的牵引装置是用来连接牵引式农具和拖车的，为了便于与各种农具连接，牵引点（即牵引挂钩与农具的连接点）的位置应能在水平面与垂直面内进行调整。即能进行横向调整和高度调整，以便于与不同结构的农具挂接。

7. 动力输出装置

拖拉机向农业机械输出动力的形式有2种：移动作业时，通过动力输出轴，由带有万向节的联轴器把动力传递给农具；固定作业时，在动力输出轴上安装驱动皮带轮，向固定作业机具输出动力。

三、电气设备

电气设备主要用来解决拖拉机的照明、信号及发动机的启动等，由发电设备、用电设备和配电设备3部分组成。

发电设备包括蓄电池、发电机及调节器；用电设备包括启动电动机、照明灯、信号灯及各种仪表等；配电设备包括配电器、导线、接线柱、开关和保险装置等。

第二节 拖拉机的操作要领

一、各操作装置的操作方法

（一）方向盘的操作

（1）两手分别握稳方向盘边缘左、右两侧。左手握在方向盘时钟的9—10时位置上，右手握在方向盘时钟的3—4时位置上，拇指顺方向盘直压边缘，其余四指由外向里自然握住。

（2）方向盘的单手操作。由于在行车中驾驶员的右手要频繁地操作其他装置，熟练掌握单手操作能力，防止发生偏跑现象。

（3）双手交替转动方向盘的操作。一手为主，一手为辅，一推一拉，推拉结合，两手交替的幅宽与一肩同宽，胸前反腕，连续不断，一次打够角度。

（二）变速杆的操作

右手掌心轻贴变速杆球头，四指向下握住球头和少部分杆身，以手腕和肘关节的力量为主，肩关节为辅，左手握稳方向盘，双眼平视前方，左脚踩下离合器，右脚抬松加速踏板，适当用力准确地挂入和摘出某一挡位，挂挡或摘挡时，不得强拉硬推和低头下视变速杆；挂倒挡时，必须把车停稳，再挂倒挡。

（三）离合器踏板的操作

左脚完全踏在离合器踏板上，踏下时动作要迅速，分离要彻底；抬起时，做到“两快两慢中间一停顿”的操作要领，这是平稳起步的关键。一快：开始抬起时动作要快；一慢：当离合器接近半联动状态时，动作要慢；二慢：当离合器抬起即将离开联动点位置时要慢；二快：离合器完全接合时，要果断松抬，动作要快；中间一停顿是指半联动时，拖拉机开始移动，离合器松抬稍作停顿。半联动在起步，动力不足或控制车速时使用。不用离合器时，脚要离开离合器踏板。

（四）加速踏板（又称油门）的操作

使用加速踏板时，应以右脚跟部靠在驾驶室底板做支点，脚前掌轻踏在加速踏板上，用踝关节的伸屈使加速踏板放松或踏下，发动机转速加快，反之，转速下降，踏、松加速踏板用力要柔和，做到轻踏慢抬。加油踏板的操作要和离合器踏板操作配合一致，当踏下离合器踏板时，要及时抬起加速踏板。行驶中，右脚除使用制动踏板外，其他时间要轻放在加速踏板上，滑行时也应保持这种动作。在行驶或冲坡时，不得完全踏下加速踏板，行驶时如已踏下加速踏板3/4时，发动机转速不能相应增加，应换入低一级挡位，再加油进行加速。

（五）制动踏板（刹车）的操作

拖拉机行车制动器一般分为气压制动和液压制动。

1. 气压制动

操作制动踏板时，应握紧方向盘，将腰紧靠在座位的后背，右脚跟部靠在驾驶室的底板上，作为活动的支点，以踝关节的伸屈为主操作制动踏板的踏下与放松，踏下的行程速度和用力的大小，应根据所需要的不同情况而定。

2. 液压制动

液压制动为防止制动器踏板出现发软，可先踏下一次，迅速放松，接着再迅速踏至感到踏板有阻力时，最后根据情况决定用力大小。

（六）差速锁的操作

当拖拉机一侧驱动轮陷入泥泞坑内或行驶在冰雪地段上打滑时，即使另一侧驱动轮在良好路面上，拖拉机也难以驶出这个地段（一侧驱动轮高速原地打滑，另一侧驱动轮则静止不动）。为解决这一问题，扳动差速锁手柄，使2半轴刚性联结起来，以充分利用路面好的一侧驱动轮的驱动力，可使拖拉机驶出打滑地段。当驶出打滑地段以后，应立即分离差速锁，以防转向困难或损坏齿轮。

（七）手油门的操作

手油门是加速踏板的辅助装置，用于启动后升温时稳定转速和不便使用加速踏板但又需要控制转速时。一般在坡道起步时，配合脚制动器来完成坡道起步。

（八）手制动锁的操作

1. 停车锁定

用力踏下脚制动踏板到制动位置，扳动手制动锁操作手柄，使制动踏板镶入手制动锁的齿牙内，不能抬起即制动锁定。

2. 解除锁定

用力踏下脚制动踏板到制动位置，扳动手制动锁操作手柄，使制动踏板离开手制动锁的齿牙，且制动踏板抬起即解除锁定。

二、拖拉机的驾驶要领

（一）基本驾驶技术

1. 拖拉机的启动

启动前应对柴油机的燃油、润滑油、冷却水等项目进行检查，并确认各部件正常，油路畅通且无空气，变速杆置于空挡位置，并将熄火拉杆置于启动位置，液压系统的油箱为独立式的，应检查液压油是否加足。

（1）常温启动。先踩下离合器踏板，手油门置于中间位置，将启动开关顺时针旋至第Ⅱ挡（第Ⅰ挡为电源接通）启动位置，待柴油机启动后立即复位到第Ⅰ挡，以接通工作电源。若10秒内未能启动柴油机，应间隔1～2分钟后再启动，若连续3次启动失败，应停止启动，检查原因。

（2）低温启动。在气温较低（-10℃以下）冷车启动时可使用预热器（有的机型装有预热器）。手油门置于中、大油门位置，将启动开关逆时针旋至预热位置，停留20～30秒再旋至启动位置，待柴油机启动后，启动开关立即复位，再将手油门置于怠速油门位置。

（3）严寒季节启动。按上述方法仍不能启动时，可采取以下措施：①放出油底壳机油，加热至80～90℃后加入，加热时应随时搅拌均匀，防止机油局部受热变质。②在冷却系统内注入80～90℃的热水循环放出，直至放出的水温达到40℃时为止。然后按低温启动步骤启动。③严禁在水箱缺水或不加水、柴油机油底壳缺油的情况下启动柴油机。④柴油机启动后。若将油门减小而柴油机转速却急剧上升，即为飞车，应立即采取紧急措施迫使柴油机熄火。方法为用扳手松开喷油泵通向喷油器高压油管上的拧紧螺母，切断油路或拔掉空气滤清器，堵住进气通道。

2. 拖拉机的起步

（1）拖拉机起步。起步时应检查仪表及操纵机构是否正常，驻车制动操纵手柄是否在车辆行驶位置，并观察四周有无障碍物，切不可慌乱起步。

（2）挂农具起步。如有农具挂接的情况，应将悬挂农具提起，并使液压控制阀位于车辆行驶的状态。

（3）起步操作。放开停车锁定装置，踏下离合器踏板，将主、副变速杆平缓地拨到低挡位置，然后鸣喇叭，缓慢松开离合器踏板，同时逐渐加大油门，使拖拉机平稳起步。

上、下坡之前应预先选好挡位。在陡坡行驶的中途不允许换挡，更不允许滑行。

3. 拖拉机的换挡

（1）拖拉机的挂挡。拖拉机在行驶的过程中，应根据路面或作业条件的变化变换挡位，以获得最佳的动力性和经济性。为了使拖拉机保持良好的工作状况，延长拖拉机离合器的使用寿命，驾驶员在换挡前必须将离合器踏板踩到底，使发动机的动力与驱动轮彻底分开。此时换入所需挡位，再缓慢松开离合器踏板。

拖拉机改变进退方向时，应在完全停车的状态下进行换挡；否则，将使变速器产生严重机械故障，甚至使变速器报废。拖拉机越过铁路、沟渠等障碍时，必须减小油门或换用低挡通过。

（2）行驶速度的选择。正确选择行驶速度，可获得最佳生产效率和经济性，并且可以延长拖拉机的使用寿命。拖拉机工作时不应经常超负荷，要使柴油机有一定的功率储备。对于田间作业速度的选择，应使柴油机处于80%左右的负荷下工作为宜。

田间作业的基本工作挡如下：犁耕时常用Ⅱ、Ⅲ、Ⅳ挡，旋耕时常用Ⅰ、Ⅱ挡或爬行Ⅵ、Ⅶ、Ⅷ挡，耙地时常用Ⅲ、Ⅳ、Ⅴ挡，播种时常用Ⅲ、Ⅳ挡，小麦收割时常用Ⅲ挡，田间道路运输时常用Ⅵ、Ⅶ、Ⅷ挡，用盘式开沟机开沟（沟的截面积为0.4米^2）时常用爬行Ⅰ挡。

当作业中柴油机声音低沉、转速下降且冒黑烟时，应换低一挡位工作，以防止拖拉机过载；当负荷较轻而工作速度又不宜太高时，可选用高一挡小油门工作，以节省燃油。

拖拉机转弯时必须降低行驶速度，严禁在高速行驶中急转弯。

4. 拖拉机的转向

拖托机转向时应适当减小油门，操纵转向盘实现转向。当在松软土地或在泥水中转向时，要采用单边制动转向，即使用转向盘转向的同时，踩下相应一侧的制动踏板。

轮式拖拉机一般采用偏转前轮式的转向方式，特点是结构简单、使用可靠、操纵方便、易于加工，且制造成本低廉。其中前轮转向方式最为普遍，前轮偏转后，在驱动力的作用下，地面对2前轮的侧向反作用力的合力构成相对于后桥中点的转向力矩，致使车辆转向。

手扶式拖拉机常采用改变两侧驱动轮驱动力矩的转向方式，切断转向一侧驱动轮的驱动力矩，利用地面对两侧驱动轮的驱动力差形成的转向力矩而实现转向。

手扶式拖拉机的转向特点是转弯半径小，操纵灵活，可在窄小的地块实现各种农田作业，特别是水田的整地作业更为方便。

5. 拖拉机的制动

制动时应先踩下离合器踏板，再踩下制动器踏板，紧急制动时应同时踩下离合器踏板和制动器踏板，不得单独踩下制动器踏板。

制动的主要作用是迫使车辆迅速减速或在短时间内停车；还可控制车辆下坡时的车速，保证车辆在坡道或平地上可靠停歇；并能协助拖拉机转向。拖拉机的安全行驶很大程度上取决于制动系统工作的可靠性，因此，要求具有足够的制动力；良好的制动稳定性（前、后制动力矩分配合理，左、右轮制动一致）；操纵轻便、经久耐用、便于维修；具有挂车制动系统，挂车制动应略早于主车（当挂车与主车脱钩时，挂车能自行制动）。

6. 拖拉机的倒车

拖拉机在使用中经常需要倒车，特别是拖拉机连接挂车、换用农具时都要用到拖拉机的倒车过程。上述的挂接过程中易出现人身伤亡事故，应特别引起驾驶员的注意。挂接时一定要用拖拉机的低速挡操作，要由经验丰富的驾驶员来完成。

7. 拖拉机的停车

拖拉机短时间内停车可以不熄火，长时间停车应将柴油机熄火。熄火停车的步骤是减小油门，降低拖拉机速度；踩下离合器踏板，将变速杆置于空挡位置，然后松开离合器；停稳后使柴油机低速运转一段时间，以降低水温和润滑油温度，不要在高温时熄火；将启动开关旋至关的位置，关闭所有电源；停放时应踩下制动器踏板，并使用停车锁定装置。

冬季停放时应放净冷却水，以免冻坏缸体和水箱。

（二）道路驾驶技术

拖拉机在道路上行走时，正常速度高，开车前应对拖拉机进行认真的检查和准备。乡村道路条件差，不平，坡多，过村庄、桥梁、田埂较多，驾驶员要小心安全驾驶。

1. 白天道路驾驶技能

（1）掌握好驾驶速度。应根据自己的车型、道路、气候、载重、来往车辆以及行人状态确定自己的车速。要严格遵守安全交通规则的限速规定，正常大中型拖拉机行驶速度每小时约20千米，最高车速一般不超过每小时30千米。严禁采用调整调速器、换加大轮等方法提高车速。

（2）掌握好车间距离。车与车应保持一定的距离，间距的大小与当时的气候、公路条件和车速等因素有关。正常平路行走车距保持在30米以上，坡路、雨雪天气车距保持在50米以上。

（3）转弯。转弯时必须减速、鸣喇叭、开转向灯、靠右行。

（4）会车。会车时要严守交通规则，并减速靠右行。两车之间的侧向间距最短要大于1米。若拖拉机带有拖车会车时，应提前靠右行驶，使拖拉机与拖车在一条直线上。

（5）超车。在超车前要看后面有无车辆超车，被超车的前面有无前行的车辆和有无迎面来的车辆，判断前车速度及道路许可情况下，然后向前车左侧接近，打开左转向灯、鸣喇叭，加速从前车的左边超越，超车后，距被超车辆20米以上再驶入正常行驶路线。发现后面的车辆鸣喇叭要超车时，在道路和交通情况允许时，主动减速靠右行，鸣喇叭或以手势示意让后面的车辆超车。

2. 夜间驾驶技能

夜间驾驶，灯光照射范围和亮度小，视线不好，有时灯光闪动，看地形与行驶方向比较困难，还会造成错觉。夜间安全驾驶更需要认真做好准备工作，严格遵守交通规则，掌握好驾驶技能。

（1）夜间驾驶道路的识别方法。一是以发动机的声音及机车的灯光了解道路。车速自动变慢和发动机声音变闷时，是行驶阻力增大，机车正在爬缓坡或驶入松软路面。相反，车速加快和机车声音变得轻松，是行驶阻力变小或在下坡。灯光离开地面时，前方可能出现急转弯、遇大坑、大下坡或者是上坡顶。灯光由路中间移向路侧面时，说明前方出现弯路。若灯光从公路的一侧移向另一侧时，则是驶入连续弯道。灯光照在路面上时，路面的不平遮挡灯光照射，前方路面会出现黑影。二是以路面的颜色了解道路。若夜间摸黑路没有照明，走的是碎石路面，无月夜，路面是深灰色，路外是黑色；有月夜，路面灰白色，积水处是白色。雨后的路面是灰黑色，坑洼、泥泞处是黑色，积水处是白色。雪后，车辙是灰白色。

（2）夜间驾驶要注意的事项。一是防止瞌睡；二是注意路上行人；三是车速要慢；四是增加车间距离，严防追尾；五是尽量避免超车；六是会车要远近灯结合。

3. 特殊路段驾驶技能

（1）掌握好城区道路驾驶技能。城区道路人较多，街道纵横交错，但道路标志、标线设施和交通管理较好。进入城区，要知道城区道路交通情况，如限制拖拉机通行的路线不能进入，必须按规定的路线和时间行驶；各行其道，看清道路交通标志，不准闯红灯；随时做好停车准备，停车要停在停车线以内；转弯时要打转向灯。

（2）掌握好乡村道路驾驶技能。乡村道路窄、质量差，要低速驾驶。要特别小心畜力车、人力车、拖拉机、牲畜家禽等。过村庄、学校、单位门口时，要防止人、车辆、牲畜窜入路面，避免发生事故。

（3）掌握好过铁路、桥梁、隧道时的驾驶技能。过有看守人的铁道路口时，要看道口指示灯或看守人员的指挥手势；过无人看管的铁道路口时，要朝两边看一下，在无火车通过时再低速驶过铁道路口，中途不准换挡。万一拖拉机停在铁道路上，想方设法尽快将拖拉机移出铁轨。过桥梁要靠右边，低速通过桥梁。过隧道时，检查拖拉机装载高度是否超出隧道的限高。若能通过则要打开灯光、鸣喇叭、低速通过。

4. 紧急情况驾驶技能

发生交通事故，都是由突发情况所致。

（1）当遇到爆胎时应双手紧握方向盘，挡住方向盘的自行转动，控制拖拉机直线行驶方向，有转向时不要过度校正。在控制住方向的情况下，轻踩制动踏板使拖拉机缓慢减速，慢慢地将拖拉机靠路边停住。切忌慌乱中向相反方向急转方向盘或急踩制动踏板，否则将发生蛇形或侧滑，导致翻车或撞车重大事故。

（2）当遇到倾翻时。若是侧翻，应双手紧握转向盘，双脚钩住踏板背部紧靠座椅靠背，尽力稳住身体，随车一起侧翻；若路侧有深沟连续翻滚则应尽量使身体往座椅下躲缩，抱住转向杆避免身体在车内滚动，也可跳车逃生。跳车的方向应向翻车相反方向或运行的后方。落地前双手抱头，蜷缩双腿，顺势翻滚，自然停止。若是感到被甩出车外则毫不犹豫地在甩出的瞬间，猛蹬双腿，助势跳出车外。

（3）当遇到撞车时。首先应控制方向，顺前车或障碍物方向，尽力改正面碰撞为侧撞，改侧撞为刮擦，以减轻损失程度。

（4）当遇到转向失控时。若能保持直线行驶状态，前方公路情况能保持直线行驶时，要轻踩制动踏板，轻拉制动操纵杆，慢慢地停下来。若已偏离直线行驶方向时，事故无可避免，则应果断地连续踩下制动踏板，尽快减速停车，减轻撞车力度。

（5）当遇到突然熄火情况时。应连续踩2～4次加速踏板，转动点火开关，再次启动，若启动成功，要停车检查，查明排除故障后再继续行驶。若再次启动失败，应打开右转向灯，利用惯性，操纵方向盘，使拖拉机缓慢驶向路边停车，打开停车警示灯，检查熄火原因，排除故障。

（6）当遇到下坡制动失效时。若是宽阔地带可迂回减速、停车，当然最好是利用道路边专设的紧急停车道停车。若不能，则应抬起加速踏板，从高速挡越级降到低速挡用发动机牵阻，降低车速，慢慢开到能修车位置，停车检修。若速度还较快，可逐渐拉紧主车制动器操纵杆，逐步阻止传动机件旋转，达到停车目的。若以上措施仍无法有效控制车速，事故无法避免时，则应果断将车靠向山坡一侧，利用车厢一侧与山坡靠拢碰擦；若山坡无法与车厢碰擦，则只能利用车前保险杠斜向撞击山坡，迫使拖拉机停车，以达到减小事故的目的。

第三节　拖拉机故障诊断与排除

一、拖拉机故障产生原因

拖拉机零件的技术状况，在工作一定时间后会发生变化，当这种变化超出了允许的技术范围，而影响其工作性能时，即称为故障。如发动机动力下降、启动困难、漏油、漏水、漏气、耗油量增加等。拖拉机产生故障的原因是多方面的，零件、合件、组件和总成之间的正常配合关系受到破坏和零件产生缺陷则是主要的原因。

1. 零件配合关系的破坏

零件配合关系的破坏主要是指间隙或过盈配合关系的破坏。例如，缸壁与活塞配合间隙增大，会引起窜机油和气缸压力降低；轴颈与轴瓦间隙增大，会产生冲击负荷，引起振动和敲击声；滚动轴承外环在轴承孔内松动，会引起零件磨损，产生冲击响声等。

2. 零件间相互位置关系的破坏

零件间相互位置关系的破坏主要是指结构复杂的零件或基础件。例如，拖拉机变速器壳体变形、轴承孔沿受力方向偏磨等，都会造成有关零件间的同轴度、平行度、垂直度等超过允许值，从而产生故障。

3. 零件、机构间相互协调性关系的破坏

例如，汽油机点火时间过早或过晚，柴油机各缸供油量不均匀，气门开、闭时间过早或过晚等，均属协调性关系的破坏。

4. 零件间连接松动和脱开

零件间连接松动和脱开主要是指螺纹连接及焊、铆连接松动和脱开。例如，螺纹连接件松脱、焊缝开裂、铆钉松动和铆钉剪断等都会造成故障。

5. 零件的缺陷

零件的缺陷主要是指零件磨损、腐蚀、破裂、变形引起的尺寸、形状及外表质量的变化。例如，活塞与缸壁的磨损、缸体与缸盖的裂纹、连杆的扭弯、气门弹簧弹力的减弱和油封橡胶材料的老化等。

6. 使用、调整不当

拖拉机由于结构、材质等特点，对其使用、调整、维修保养应按规定进行。否则，将造成零件的早期磨损，破坏正常的配合关系，导致损坏。

综上所述，不难得出产生故障的原因：一是使用、调整、维修保养不当造成的故障，这是经过努力可以完全避免的人为故障；二是在正常使用中零件缺陷产生的故障，到目前为止，人们尚不能从根本上消除这种故障，是零件的一种自然恶化过程，此类故障虽属不可避免，但掌握其规律，是可以减少其危害而延长拖拉机的使用寿命。

二、故障诊断方法

故障症状是故障原因在一定的工作时间内的表现，当变更工作条件时，故障症状也随之改变。只在某一条件下，故障的症状表露得最明显。因此，分析故障可采用以下方法。

1. 轮流切换法

在分析故障时，常采用断续地停止某部分或某部分系统的工作，观察症状的变化或症状更为明显，以判断故障的部位所在。例如，断缸分析法，轮流切断各缸的供油或点火，观察故障症状的变化，判明该缸是否有故障，如发动机发生断续冒烟情况，但在停止某一缸的工作时，此现象消失，则证明此缸发生故障。又如在分析底盘发生异常响声时，可以分离转向离合器。将变速杆放在空挡或某一速挡，并分离离合器，可以判断异常响声发生在主离合器前还是发生在主离合器后，发生在变速器还是发生在中央传动机构。

2. 换件比较法

分析故障时，如果怀疑某一部件或是零件故障起因，可用技术状态完好的新件或修复件替换，并观察换件前后机器工作时故障症状的变化，断定原来部件或零件是否是故障原因所在，分析发动机时，常用此法对喷油器或火花塞进行检验。在多缸发动机中，有时将两缸的喷油器或火花塞进行对换，看故障部位是否随之转移，以判断部件是否产生故障。为了判断拖拉机或发动机某些声响是否属于故障声响，有时采用另一台技术状态正常的拖拉机或发动机在相同工作规范的条件下进行对比。

3. 试探反正法

在分析故障原因时，往往进行某些试探性的调整、拆卸，观察故障症状的变化，以便查询或反证故障产生的部位。例如，排气冒黑烟，结合其他症状分析结果是怀疑喷油器喷射压力降低，在此情形下可稍稍调整喷油器的喷射压力，如果黑烟消失，发动机工作转为正常，即可断定故障是由于喷油器喷射压力过低造成的。又如怀疑活塞气缸组磨损，可向气缸内注入机油，如气缸压缩状态变好，则说明活塞气缸组磨损属实。必须遵守少拆卸的原则，只在确有把握能恢复原状态时才能进行必要的拆卸。

当几种不同原因的故障症状同时出现时，综合分析往往不能查明原因，此时用试探反证法更有效。

三、拖拉机常见故障的排除

1. 发动机温度过高

发动机冷却泵水垢多会导致发动机温度过高，加速零件磨损，降低功率，烧耗润滑泵的机油。发生此故障时，挑选2个大丝瓜，除去皮和籽，清洗净后放入水箱内，定期更换便可除水垢。水箱水不宜经常换，换勤了会增加水垢的形成。

2. 拖拉机漏油

（1）回转轴漏油。可将启动机的变速杆轴和离合器手柄轴在车床上削出密封环槽，装上相应尺寸的密封胶圈。同时，检查减压轴胶圈是否老化失效，如有需要应更换新胶圈。

（2）开关漏油。若因球阀磨损或锈蚀时，应清除球阀与座孔之间的锈，并选择合适的钢球代用；若因密封填料及紧固螺纹损坏，应修复或更换紧固件和更换密封填料；若因锥接合面不严密，可用细气门砂和机油研磨。

（3）螺塞油堵漏油。螺塞油堵漏油部分包括锥形堵、平堵和工艺堵，若因油堵螺丝损坏或不合格，应更换新件；若因螺孔螺丝损坏，可加大螺孔尺寸，配装新油堵；若因锥形堵磨损，可用丝锥攻丝后改为平堵，然后加垫装复使用。

（4）平面接缝漏油。如因接触面不平或接触面上有沟痕或毛刺，应根据接触面的不平程度，采用什锦锉、细砂纸或油石磨平，大件可用机床铣平。另外，装配的垫片要合格，同时要清洁。

3. 转向沉重

造成拖拉机转向沉重的原因很多，可根据不同情况，逐一排除故障：一是齿轮油泵供油量不足，齿轮油泵内漏或转向油箱内滤网堵塞，此时应检查齿轮油泵是否正常，并清洗滤网；二是转向系统内有空气，转动方向盘，而油缸时动时不动，应排除系统中的空气，并检查吸油管路是否进气，有空气应及时排出；三是转向油箱的油量不足，达不到规定的油面高度，加油至规定的油面高度即可；四是安全阀弹簧弹力变弱，或钢球不密封，需清洗安全阀并调整安全阀弹簧压力；五是油液黏度太大，应使用规定的液压油；六是阀体内钢球单向阀失效，快转与慢转方向盘均沉重，并且转向无力，此时应清洗、保养或更换零件。

4. 气制动阀失灵

拖拉机的气制动阀挺杆，大多是由塑料制成的，其外径、长度往往易受热胀冷缩的影响而改变，导致气制动阀失灵。当挺杆外径变大时，会在气制动阀壳体内产生卡滞故障，使阀体合件打不开、不进气、不放气，或在开启位置不回位、不充气、无气压；当挺杆长度变短时，使阀体合件打不开、不进气、不放气。其排除方法是当挺杆外径变大、长度变长时，可用细砂纸轻轻打磨后重新安装并测试，直至符合要求为止。

5. 离合器打滑

排除离合器打滑故障的顺序和方法：首先，检查离合器踏板自由行程，如不符合标准值，应予以调整。若自由行程正常，应拆下离合器底盖，检查离合器盖与飞轮接合螺栓是否松动，如有松动，应予扭紧。其次，查看离合器磨擦片的边缘是否有油污甩出，如有油污应拆下用汽油或碱水清洗并烘干，然后找出油污来源并排除。如发现磨擦片严重磨损、铆钉外露、老化变硬、烧损以及被油污浸透等，应更换新片，更换的新磨擦片不得有裂纹或破损，铆钉的深度应符合要求。最后，检查离合器总泵回油孔，如回油孔堵塞应予以疏通。经过上述检查调整，仍未能排除故障，则分解离合器，检查压盘弹簧的弹力。压盘弹簧良好，应长短一致，如参差不齐，应更换新品，如弹力稍有减少，长度差别不大，可在弹簧下面加减垫片调整。

6. 变速后自由跳挡

拖拉机运行中，变速后出现自由跳挡现象，主要是拔叉轴槽磨损、拔叉弹簧变弱、连杆接头部分间隙过大所致。此时应修复定位槽、更换拔叉弹簧、缩小连杆接头间隙，挂挡到位后便可确保正常变速。

7. 前轮飞脱

前轮飞脱原因包括：前轮坚固螺母松脱；前轮轴承间隙过大，受冲击损坏，“咬伤”前轴；前轴与轴承干磨或长期润滑不良，导致损坏。排除方法为更换前轮轴承，上好坚固螺母，并用开口销锁牢。装配后认真检查调整前轮轴承间隙，同时，定期向前轮轴承等各处加注润滑油，使轴承润滑良好，延长轴承使用寿命。

8. 后轮震动

拖拉机行驶中驱动轮发出无节奏的“咣当咣当”的响声，且后轮伴有不断的偏摆现象，尤其在高低不平的路面上行驶时，表现得尤为频繁剧烈。若拖拉机在行驶中出现上述情形，应立即停车检查车轮固定螺母并用手扳动驱动轮试验，一般可以断定故障所在。如此情况发生在新车或修理更换轮胎不久的拖拉机上，多是由于车轮固定螺母扭力不均或紧固不当造成。另外，驱动轮轮轴与幅板紧固螺栓松动，驱动轮轴承间隙过大，也会引发此故障。应逐一进行检查，如螺栓、螺母松动，应分别按要求紧固；若是轴承间隙过大，应予以调整。

【拓展阅读】

隆回县开展中稻机收减损与农机安全宣传

“师傅好，我们是隆回县农业农村局的农机工作人员，欢迎你们来隆回开展中稻收割跨区作业。在收割作业时，请严格遵守操作安全规程，对照减少机收减损环节的措施，落实好作业质量要求，确保水稻收割作业低损、高效。”2023年9月6日下午，在隆回县花门街道文明村的稻田里，工作人员一边向跨区作业机手进行机收减损与农机安全宣传，一边现场开展机收减损监测调查。

据悉，2023年以来，隆回县农业农村局编印了农机化技术培训资料400本、机械化收获减损技术资料2 500份、翻印了湖南省农机事务中心编写的农机安全宣传资料4 000份。利用拖拉机和联合收割机集中检验送检下乡、农机安全检查、水稻机插秧与机抛秧培训、宣传和重点农机补贴机具核查等时机，深入田间地头、农机合作社场院全面开展机收减损与农机安全宣传、培训，为筑牢农机安全基石、助力粮食生产提供坚实保障。

现场工作人员介绍，连日来，隆回县农业农村局农机工作人员已相继到9个中稻生产重点乡镇田间开展了机收减损监测、调查和农机安全宣传，积极引导广大机手树牢“减损就是增产、减损就是增收、减损就是增效”理念，全面落实粮食作物机收减损关键技术措施，广泛开展农机安全宣贯，力促“秋收”期间农机作业安全。

附　录

附录1　农业农村部办公厅关于将机收减损作为粮食生产机械化主要工作常抓不懈的通知

各省、自治区、直辖市及计划单列市农业农村（农牧）厅（局、委），新疆生产建设兵团农业农村局，北大荒农垦集团有限公司：

我国水稻、小麦、玉米等主粮作物收获已基本实现机械化，减少机收环节损耗是增加粮食产量的重要措施。为深入贯彻落实习近平总书记关于毫不放松抓好粮食生产和“厉行节约、反对浪费”重要指示精神，必须将机收减损作为粮食生产机械化主要工作常抓不懈，采取综合措施提高粮食机收作业质量，努力确保粮食颗粒归仓。现将有关事项通知如下。

一、总体要求

当前和今后一个时期，各级农业农村部门要按照“一个品种一个品种、一个区域一个区域、一个季节一个季节、一个环节一个环节”抓紧粮食生产的工作部署，牢固树立“减损就是增产”意识，将机收减损作为粮食生产机械化工作的重中之重常抓不懈，主要负责同志牵头抓、分管负责同志具体抓，务必抓紧抓实、抓出实效。要坚持问题导向和目标导向，立足当前、着眼长远，紧紧围绕收获机械、机手操作保持良好技术状态这两个关键要素，紧盯三大主粮作物和“三夏”“双抢”“三秋”等重要农时，落实落细农机管理服务措施，不断强化宣传动员、机手培训、技术指导、装备升级、质量管理、政策引导及服务保障，全方位提升粮食收获质量，进一步降低机收损失，为夯实国家粮食安全基础贡献机械化力量。

二、广泛宣传动员

抓好机收减损工作，必须在全社会全行业牢固树立“减损就是增产”意识。广泛动员地方政府部门和基层农业农村干部及时实现粮食机收工作重心转移，从只关注抢收到既关注效率更关注质量，从宣传引导、责任落实、监督检查等工作措施入手，尽可能消除主观认识不足和工作不到位的情况。常态化组织开展粮食机收减损技能大比武活动，以赛促训、以赛提技，激发广大机手比学赶超节粮减损技能的荣誉感使命感，推动机收作业精细高效、提质减损。比武活动应在确保安全生产的前提下，按照自愿报名、就地就近、自备机具、自定地块的原则进行，不得干扰正常收获秩序、不得增加机手负担。广泛开展机收减损大宣传活动，通过广播电视、报纸网站及短视频、明白纸、微信群等群众喜闻乐见的传播渠道，大力开展机收减损知识宣传、效果宣传、典型宣传，营造广大农机手、全社会关注支持机收减损的浓厚氛围，推动按标按规作业。

三、强化机手培训

联合收割机驾驶操作人员的技术水平和职业精神直接决定了收获作业质量。要加强水稻、小麦、玉米机收作业质量标准宣贯，分区域分作物修订完善机械化收获减损技术指导意见，引导农户和机手因地制宜选择收获时机、合适机具和机收方式，千方百计避免增加损失。利用高素质农民培育项目，组织开展专业农机手培训行动，针对性强化骨干机手的节粮减损操作技能和职业素养。统筹利用农机职业院校、骨干农机企业以及农机合作社等社会化服务组织、农机使用一线“土专家”等专业化力量，形成培训合力，提高培训质量。督促农机产销企业加强对购机农民使用农机的培训，引导农机作业服务组织带头做好机手培训工作，特别要强化新机手田间操作实训，切实提高规范作业能力。进一步加强联合收割机驾驶操作人员考试环节管理，规范田间（模拟）驾驶技能考试程序、严格考试标准。组织各级农机推广骨干和农机化生产一线“土专家”，开展机械保养维修、减损技能、安全生产等技术巡回指导，帮助机手正确调整机具参数、及时排除故障，降低收获损失。

四、提高装备质量

良好的收获机械装备质量和性能是减少机收损失的基础。要充分发挥农机购置补贴政策的导向作用，鼓励农民购置先进适用、安全可靠、节能环保的收获机械，引导生产企业技术进步和产品提档升级。全面推进农机报废更新，加快淘汰老旧收获机械，促进智能绿色高效收获机械应用。强化农机试验鉴定监管和联合收割机质量调查，严格把关，把不合格、不耐用、不适用的产品挡在政策支持范围之外，倒逼企业提升质量。加大政策支持力度，探索稳定支持农业机械化基础理论研究和共性关键技术研发创新机制，鼓励企业加大研发投入力度，加快攻克薄弱环节技术，将损失监测、智能化技术融入收获机械产品提档升级中，进一步优化割台、脱粒、分离、清选能力，切实提升机收减损性能。

五、提升应急收获能力

突发气象灾害造成粮食作物倒伏、土地泥泞、成熟期变化等情况以及“小散偏”地块条件，都是影响机收损失率的重要因素。加强农机防灾减灾能力建设，增加应急抢收装备和应急服务供给，探索建立应急作业服务队，补齐应急救灾能力短板。密切关注大规模机收期间气候变化，及时研判会商灾害天气对机收进展的影响。针对可能发生的强降雨、大风导致农田积水、作物因灾倒伏、机具供给局部紧张等紧急情况，制定农机化防灾救灾应急预案，根据灾情迅速协调周边地区和农机产销企业，增加适用机具支援抢收。提早摸清烘干机械保有和农机社会化服务能力分布情况，协调就近匹配烘干用机需求，保障已收粮食安全入仓，减少霉变等产后损失。针对"小散偏"地块机械化收获难题，各地要全面梳理"小散偏"、盯住"小散偏"、服务"小散偏"，推动把农田建设"宜机化"放在更加突出位置，努力解决地理因素形成的"小散偏"，推动广泛开展农业生产托管等经营模式创新，努力解决因分散经营所形成的"小散偏"，精细化调度机具对接需求，确保"小散偏"地块及时获得机收服务。加强对各类损害农民和机手利益、违反安全要求行为的监管，筑牢"以人民为中心"的观念。

六、开展指导服务

掌握机收减损翔实情况是采取针对性工作措施的前提。各地要通过摸底调查，召开专家和农机服务组织、农机手座谈会，研究粮食作物机收损失情况及原因。要组织农机推广、鉴定等单位以及第三方机构开展机收地块随机实测抽测等工作，摸清辖域内机收损失真实情况。结合长期以来的工作基础和摸底调查情况，进行深入分析研究，针对性改进优化工作措施。要在"三夏""双抢""三秋"重要农时期间，对地方机收减损工作指导服务，确保各项减损措施落实到位。每年大规模机收结束后，要及时将本省份机收减损工作成效情况报送我部农业机械化管理司。

农业农村部办公厅

2021年9月2日

附录2 2023年“三秋”机械化减灾减损生产技术指导意见

农业农村部农业机械化总站
农业农村部农作物生产全程机械化专家指导组

当前，秋粮生产进入关键期，为切实做好“三秋”机械化生产工作，提高农机防灾减灾能力，确保颗粒归仓、应种尽种，针对水毁水淹农田恢复耕种农机作业、倒伏作物收获、过湿地块作业、机收减损等情况，提出本技术指导意见，供各地参考。

一、机械化减灾技术

（一）水毁水淹农田恢复耕种农机作业技术

1. 及时开沟排涝

水毁水淹农田应跟踪积水消退时间，尽早排涝降渍、清淤散墒，尽快恢复农机通行以及作业条件。对于配套排水沟渠的积水地块，应及时疏通沟渠水道，使积水尽快排走；对于田间积水严重且具备排水条件的地块，应采用水泵等排灌设备及时抽排积水，减少农作物浸水时间；对于已无法抽排的积水地块，应及时开沟沥水，可使用挖掘机等在地头、地侧面开挖V型或U型排水沟，确保自流通畅。抽排积水时，应注意保护未收农作物，避免在作物生长区域作业。在缺少电力供应条件下，可选用柴油机、汽油机、拖拉机等作为水泵等排灌设备动力源。

2. 注重田间管理

农作物过水后容易滋生病害菌或草害，应及时采用植保无人机、履带式拖拉机悬挂喷杆喷雾机等适宜湿烂田块作业的植保机进行混合喷施杀菌剂、除草剂等病虫草害防治，并同步喷施叶面肥。植保无人机作业时，应根据受影响地块面积、病虫草害发生种类、发生部位及危害程度，选用适用机型，按作业需求调整飞行高度、速度和有效喷幅等参数，精准施药施肥。地面植保机械作业时，应注意提前观察受涝田地的承载能力，降低作业速度，避免急进、急退、急转弯和在同一位置多次调头，防止对农作物及农田的二次伤害。

3. 加强农田耕整

对于洪水冲刷毁坏的田块，应及时清除遗留在农田中的较大石块、塑料等杂物，及时修复冲断的田埂、冲出的较大沟壑等，需要时可选用履带式拖拉机悬挂秸秆粉碎机及时清理作物植株残体。合理散墒、表土略干后，尽早开展耕整地作业。水毁水淹农田易板结、起皮，如农时充裕不宜免耕播种，应合理耕整后再播种下茬作物，优先选择机械化深翻晒垡配套旋耕、耙耕方式，精细作业，疏松整细土壤，恢复土壤团粒结构，保持良好水、肥、气、热的交换能力。耕整作业时，应注意恢复土壤平整度，解决洪水造成的农田高低不平问题，必要时，可采用激光平地机、卫星平地机平整田块。

4. 适时补种改种

对于绝收田块，应根据实际情况及时补种短生育期作物，可补改种秋玉米、冬小麦等粮食作物或间套种白菜、萝卜、速生叶菜等生长周期短的秋菜。间套作播种作业时注意结合当地生态条件，合理调整作物行距，高效利用水肥光照等资源。

（二）过湿地块机械化作业技术

1. 机具的选择与调整改造

对于长时间浸水且呈泥泞状态（土壤含水量饱和）的农田，轮式农业机械作业时易发生陷机和破坏耕层土壤结构，优先选用履带式农业机械，可有效减少接地压力，对过湿地块适应性好，也可更早开展作业。如不具备条件，亦可将轮式农业机械改造为半履带式农业机械（将驱动轮更换为三角履带），或加装1对驱动轮胎，增加接地面积。采用履带式拖拉机作业时，应根据地块情况对履带张紧程度进行调整，泥泞地块适当调紧一些，干燥地块适当调松，以提高机具通过能力、减少履带磨损。

应急抢收过湿地块玉米时，可通过调整改造履带式谷物联合收获机进行作业，注意调整滚筒转速、凹板间隙等工作参数，并更换玉米专用割台或在割台加装接穗板。应急抢种小麦时，宜采用多功能复式作业机具或免耕播种机，以减少作业环节，避免重复进地破坏土壤；宜采用电控驱动播种，可有效降低地轮打滑造成的播种不均；此外，还可增加覆土弥合疏松表土装置。

2. 作业技术要点

作业前，仔细观察地块泥泞程度，针对性地采取作业措施。作业时，应降低作业速度，避免急进、急退，做到匀速作业；转弯调头应缓慢，避免在同一位置多次转弯调头；如遇机具打滑、下陷、倾斜等情况，应及时停车处理。收获作业时，应及时卸粮，尽量减轻整机重量。收获作业同步开展秸秆还田作业时，应注意观察秸秆还田作业质量，如不满足生产需求可适时开展二次秸秆还田作业。小麦播种时，应尽量将前茬作物秸秆离田处理；应坚持播期服从墒情，如实际播种期迟于最晚适宜播期，应根据种植经验并结合晚播天数适当加大播量；作业时，应适当浅播，并注意机具行走对播种作业质量影响；行走速度不宜超过5千米/时。

（三）倒伏作物机械化收获技术

1. 收获倒伏水稻

收获倒伏水稻时，半喂入谷物联合收割机作业效果一般优于全喂入谷物联合收割机；如严重倒伏且倒伏方向一致，应优先选用半喂入机型；如倒伏不严重且倒伏方向交错，可选用全喂入机型。

倒伏角小于45°时，对收获作业影响有限，一般不进行特殊处理；倒伏角大于45°小于60°时，如选用半喂入机型，应采用顺向收获或侧向收获方式；如选用全喂入机型，应采用逆向收获或侧向收获方式；倒伏角大于60°，均应采用顺向收获或侧向收获方式，选用全喂入机型还应加装“扶倒器”同时更换“防倒伏弹齿”，并调整拨禾轮与割刀的相对位置，调整弹齿角度后倾，将割台降至适宜高度。

作业时，应降低作业速度，减少作业幅宽；应将挡位保持低速挡，发动机采用额定转速；应根据作物情况实时调整拨禾轮高度和速度；应经常检查作业质量，注意观察凹板筛和清选筛，根据收获效果及时调整机具参数；应及时清除割刀和喂入筒入口处堆积的泥土和秸秆，防止堵塞。

2. 收获倒伏玉米

收获倒伏玉米时，优先选用割台宽度长、倾角小、分禾器尖能够贴地作业的高性能玉米收获机；也可在普通玉米收获机割台上加长分禾尖或加装倒伏扶禾装置，增加扶禾作业行程，并适当减小割台倾角。收获严重倒伏（倒伏角大于60°）玉米时，在上述割台调整改造基础上，将铁胶混合剥皮辊更换为全胶剥皮辊，防止铁辊沟槽粘连泥土降低作业效果；将排杂辊改为浮动状态，加装强力风机；必要时，在割台上加装辅助拨禾轮或螺旋扶倒器，实现玉米植株有效喂入；玉米籽粒联合收获机还应调整脱粒滚筒转速和凹板间隙，避免过度揉搓，造成高水分籽粒破损。

倒伏角小于45°时，对收获作业影响有限，一般不进行特殊处理。倒伏角大于45°时，应在对行收获原则下，采用逆向收获或侧向收获方式。作业时，应减少机具负荷，通过降挡加油门方式匀速作业，使喂入速度与各系统作业能力相协调，防止倒伏后玉米籽粒湿度较高、果穗粘连泥土和倒伏玉米植株不规则喂入等原因造成的堵塞；应根据倒伏情况，实时调整收获机分禾器尖与地面的距离，尽量扶起倒伏玉米；应及时清理割台，防止秸秆和泥土在割台堆积。为方便机收作业后人工捡拾，应断开秸秆还田装置动力或将该装置提升至最高位置，防止漏收玉米果穗被打碎；如需秸秆粉碎还田，可在收获作业后进行二次秸秆粉碎还田作业。

3. 收获倒伏大豆

收获倒伏大豆时，应选用配置挠性割台的大豆联合收获机，实现割台贴地作业。收获严重倒伏大豆时，应加装“扶倒器”并更换“防倒伏弹齿”。

作业时，应尽量降低割台高度，保证较低位置的大豆能够进入割台。倒伏角小于45°时，对收获作业影响有限，一般不进行特殊处理；倒伏角大于45°小于60°时，应采用逆向收获或侧向收获方式；倒伏角大于60°时，应采用顺向收获或侧向收获方式。其他作业注意事项可参照倒伏水稻收获。

二、机械化减损收获技术

（一）选择适宜收获期

适期收获可增加粒重、减少损失、提高产量和品质。作业前，应准确判断确定适收期，过早或过迟收获会增加损失率和破碎率。如遇自然灾害等特殊情况，可适当提前收获。

（二）选择适宜收获方式和机具

收获水稻时，可选用全喂入履带式谷物联合收割机，应优先采用高性能、大喂入量机型，以提高收获作业效率和质量；收获难脱粒品种（脱粒强度大于180克）或倒伏水稻时，应优先选用半喂入履带式谷物联合收割机。

收获玉米时，如籽粒含水率在25%以下，优先选用玉米籽粒联合收获机一次性完成摘穗和脱粒作业，宜选用纵轴流机型；如不具备籽粒收获条件，可选用摘穗型玉米收获机进行果穗收获。

收获大豆时，优先选用配置挠性割台的大豆联合收获机；如无专用大豆联合收获机，可通过调整改造谷物联合收割机并更换挠性割台方式实现。

（三）做好机具检查调试

作业前，依据产品使用说明书对机具进行一次全面检查与保养，确保机具技术状态良好；应根据地块条件（大小、坡度等）、作物条件（品种特性、成熟程度、产量水平、籽粒含水率、秸秆水分含量等）、环境天气、农艺要求（留茬高度、秸秆粉碎程度等）等对收获机作业参数进行调整，并进行试收，试收作业距离一般为30～50米。试收后，应停车检查作业质量，需要时进行必要的调整，直至作业质量达到要求后，再投入正常作业。

（四）机收作业注意事项

1. 提前规划行走路线

玉米收获时，机具行进方向应尽量保证与种植行平行，避免与种植行垂直方向收获；水稻、大豆收获作业一般采用向心回转法。作业前，应提前查看地块，对地块中的沟渠、田埂、通道等予以平整，并将水井、坟头、电杆拉线、树桩等不明显障碍进行标记，据此合理规划路线，科学避让。作业时，应根据地块形状，依次进行作业；如有必要，可提前开出收割道。

2. 合理控制作业速度

应根据机型特点、作物产量、植株密度、自然高度、干湿程度、留茬高度等因素选择合理的作业速度；当作物密、植株大、产量高、地块起伏不平、早晚及雨后作物湿度大时，应适当降低作业速度；作业时，一般先低速收获，然后逐步提高至正常作业速度；严禁使用行走挡位进行收获作业；低速行驶作业时，不能降低发动机转速。

3. 科学规范驾驶操作

作业时，应通过调整作业速度和幅宽实时控制喂入量，使机具在额定负荷下工作，降低夹带损失，避免发生堵塞故障；应注意幅宽衔接，避免相邻2个作业带之间出现漏收损失。地头转弯时，应停止作业，采用倒车法转弯或兜圈法直角转弯，直线行驶后再开始作业。应注意地头、边角和障碍物附近作物收获情况，做到应收尽收，减少损失。

（五）及时烘干

收获后的水稻稻谷、玉米籽粒含水率如未达到储藏要求，应及时烘干。烘干作业应遵循就近原则，提前联系烘干地点，统筹安排，合理拉运，随收随烘，避免湿粮长时间堆放。

水稻宜采用低温烘干，可选用循环式或连续式烘干机。收获的玉米籽粒，宜选用连续式烘干机；收获的玉米果穗，应先离地储存，通风降水，待籽粒含水率降至25%以下或进入冬季果穗结冻后，再脱粒并烘干。

烘干前，应进行初清，达到含杂率≤2%且不得有长茎秆、麻袋绳、塑料薄膜等杂物的要求；应测定谷物初始含水率，同一批烘干的谷物水分不均度应≤3%。烘干时，玉米籽粒（不包括制种玉米籽粒）温度一般不超过50℃，最高不超过55℃，应控制一次降水幅度不大于18%或平均干燥速率不大于2.5%/时，防止玉米裂纹率增大；水稻籽粒温度一般不超过40℃，最高不超过43℃，应控制干燥速率不大于1.5%/时，防止爆腰率增大。烘干后，谷物色泽气味应无明显变化，无热损伤粒、焦糊粒。

附录3　大豆玉米带状复合种植配套机具应用指引

农业农村部农业机械化管理司
农业农村部农业机械化总站
农业农村部农作物生产全程机械化推进专家指导组

大豆玉米带状复合种植技术采用大豆带与玉米带间作套种，充分利用高位作物玉米边行优势，扩大低位作物空间，实现作物协同共生、一季双收、年际间交替轮作，可有效解决玉米、大豆争地问题。为做好大豆玉米带状复合种植机械化技术应用，提供有效机具装备支撑保障，针对西北、黄淮海、西南和长江中下游地区主要技术模式制定了大豆玉米带状复合种植配套机具应用指引，供各地参考。其他地区和技术模式可参照应用。

一、机具配套原则

2022年是大面积推广大豆玉米带状复合种植技术的第一年，为便于全程机械化实施落地，在机具选配时，应充分考虑目前各地实际农业生产条件和机械化技术现状，优先选用现有机具，通过适当改装以适应复合种植模式行距和株距要求，提高机具利用率。有条件的可配置北斗导航辅助驾驶系统，减轻机手劳动强度，提高作业精准度和衔接行行距均匀性。

二、播种机具应用指引

播种作业前，应考虑大豆、玉米生育期，确定播种、收获作业先后顺序，并对播种作业路径详细规划，妥善解决机具调头转弯问题。大面积作业前，应进行试播，及时查验播种作业质量、调整机具参数，播种深度和镇压强度应根据土壤墒情变化适时调整。作业时，应注意适当降低作业速度，提高小穴距条件下播种作业质量。

（一）2+3和2+4模式

该模式玉米带和大豆带宽度较窄，大豆玉米分步播种时，应注意选择适宜的配套动力轮距，避免后播作物播种时碾压已播种苗带，影响出苗。玉米后播种时，动力机械后驱动轮的外沿间距应小于160厘米；大豆后播种时，2+3模式动力机械后驱动轮的外沿间距应小于180厘米，2+4模式后驱动轮的外沿间距应小于210厘米；驱动轮外沿与已播作物播种带的距离应大于10厘米。如大豆玉米可同时播种，可购置1+X+1型（大豆居中，玉米两侧）或2+2+2型（玉米居中，大豆两侧）大豆玉米一体化精量播种机，提高播种精度和作业效率；一体化播种机应满足株行距、单位面积施肥量、播种精度、均匀性等方面要求；作业前，应对玉米、大豆播种量、播种深度和镇压强度分别调整；作业时，注意保持衔接行行距均匀一致，防止衔接行间距过宽或过窄。

（1）黄淮海地区

目前该地区玉米播种机主流机型为3行和4行，大豆播种机主流机型为3～6行，或兼用玉米播种机。前茬小麦收获后，可进行灭茬处理，提高播种质量，提升出苗整齐度。

玉米播种时，将播种机改装为2行，调整行距接近40厘米，通过改变传动比调整株距至10～12厘米，平均种植密度为4 500～5 000株/亩，并加大肥箱容量、增设排肥器和施肥管，增大单位面积施肥量。大豆播种时，优先选用3行或4行大豆播种机，或兼用可调整至窄行距的玉米播种机，通过调整株行距来满足大豆播种的农艺要求，平均种植密度为8 000～10 000株/亩。

（2）西北地区

该地区覆膜打孔播种机应用广泛，应注意适当降低作业速度，防止地膜撕扯。

玉米播种时，可选用2行覆膜打孔播种机，调整行距接近40厘米，通过改变鸭嘴数量将株距调整至10厘米左右，平均种植密度为4 500～5 000株/亩，并增大单位面积施肥量。大豆播种时，优先选用3行或4行大豆播种机，或兼用可调整至窄行距的玉米播种机，可采用1穴多粒的播种方式，平均种植密度为11 000～12 000株/亩。

（3）西南和长江中下游地区

该区域大豆玉米间套作应用面积较大，配套机具应用已经过多年试验验证。

玉米播种时，可选用2行播种机，调整行距接近40厘米，株距调整至12～15厘米，平均种植密度为4 000～4 500株/亩，并增大单位面积施肥量。大豆播种采用2+3模式时，可在2行玉米播种机上增加1个播种单体；采用2+4模式时，可选用4行大豆播种机完成播种作业；株距调整至9～10厘米，平均种植密度为9 000～10 000株/亩。

（二）3+4、4+4和4+6模式

（1）黄淮海地区

玉米播种时，可选用3行或4行播种机，调整行距至55厘米，通过改变传动比将株距调整至13～15厘米，玉米平均种植密度为4 500～5 000株/亩。大豆播种时，优先选用4行或6行大豆播种机，或兼用可调整至窄行距的玉米播种机，通过改变传动比和更换排种盘调整穴距至8～10厘米，大豆平均种植密度

为8 000 ~ 9 000株/亩。

（2）西北地区

玉米播种时，可选用4行覆膜打孔播种机，调整行距至55厘米，通过改变鸭嘴数量将株距调整至13 ~ 15厘米，玉米平均种植密度为4 500 ~ 5 000株/亩。大豆播种时，优先选用4行或6行大豆播种机，或兼用可调整至窄行距的玉米播种机，株距调整至13 ~ 15厘米，可采用1穴多粒播种方式，大豆平均种植密度为9 000 ~ 10 000株/亩。

三、植保机具应用指引

（一）合理选用药剂及用量，按照机械化高效植保技术操作规程进行防治作业。

（二）杂草防控难度较大，应尽量采用播后苗前化学封闭除草方式，减轻苗后除草药害。播后苗前喷施除草剂应喷洒均匀，在地表形成药膜。

（三）苗后喷施除草剂时，可改装喷杆式喷雾机，设置双药箱和喷头区段控制系统，实现不同药液的分条带喷施，并在大豆带和玉米带间加装隔离板，防止药剂带间飘移，也可在此基础上更换防飘移喷头，提升隔离效果。

（四）喷施病虫害防治药剂时，可根据病虫害的发生情况和区域，选择大豆玉米统一喷施或独立喷施。

（五）也可购置使用“一喷施两防治”复合种植专用一体化喷杆喷雾机。

四、收获机具应用指引

根据作物品种、成熟度、籽粒含水率及气候等条件，确定2种作物收获时期及先后收获次序，并适期收获、减少损失。当玉米果穗苞叶干枯、籽粒乳线消失且基部黑层出现时，可开始玉米收获作业；当大豆叶片脱落、茎秆变黄，豆荚表现出本品种特有的颜色时，可开始大豆收获作业。

根据地块大小、种植行距、作业要求选择适宜的收获机，并根据作业条件调整各项作业参数。玉米收获机应选择与玉米带行数和行距相匹配的割台配置，行距偏差不应超过5厘米，否则将增加落穗损失。用于大豆收获的联合收割机应选择与大豆带幅宽相匹配的割台割幅，推荐选配割幅匹配的大豆收获专用挠性割台，降低收获损失率。大面积作业前，应进行试收，及时查验收获作业质量、调整机具参数。

（一）2+3和2+4模式

如大豆玉米成熟期不同，应选择小2行自走式玉米收获机先收玉米，或选择窄幅履带式大豆收获机先收大豆，待后收作物成熟时，再用当地常规收获机完成后收作物收获作业；也可购置高地隙跨带玉米收获机，先收2带4行玉米，再收大豆。如大豆玉米同期成熟，可选用当地常用的2种收获机一前一后同步跟随收获作业。

（二）3+4、4+4和4+6模式

目前，常用的玉米收获机、谷物联合收割机改装型大豆收获机均可匹配，可根据不同行数选择适宜的收获机分步作业或跟随同步作业。

参考文献

胡霞，刘方洲，刘旺，2021. 农业机械安全使用技术[M]. 北京：化学工业出版社.

王迪轩，杨雄，王雅琴，2021. 玉米优质高产问答（第2版）[M]. 北京：化学工业出版社.

王金华，2018. 粮油作物栽培技术[M]. 成都：电子科技大学出版社.

曾朝，2018. 种植专项法律法规[M]. 汕头：汕头大学出版社.

智能农机装备专利研究组，2020. 玉米收获机械技术发展趋势研究[M]. 北京：电子工业出版社.